U0155308

沙发图书馆

一书一世界

冰川如斧

神奇的山脉整容术

Studies in the Sierra

【美】约翰·缪尔 著
John Muir

周奇伟 译

北京大学出版社
PEKING UNIVERSITY PRESS

Contents
目录

Preface
序

1874 年至 1875 年间，约翰·缪尔在《陆路月刊》（*Overland Monthly*）上发表了七篇系列文章，后来它们在 1915 年至 1921 年间的《塞拉俱乐部公报》（*Sierra Club Bulletin*）上陆续重刊。在此，我们首次将这些文章编纂成册，诞生了《冰川如斧：神奇的山脉整容术》这本书。

冰川对优胜美地山谷（Yosemite Valley）的形成意义非凡，第一个认识到这一点的是约翰·缪尔。当时，主流地质学家们提出的关于山谷成因的理论，完全忽视了冰川的作用，而年仅 30 岁的缪尔勇敢地用自己的观点挑战了那些权威。此后不久，科学家们渐渐认识到，缪尔的大部分结论都是正确的。大家普遍认可了在优胜美地山谷的诞生过程中，冰川侵蚀起到了重要作用，现存的一些分歧在于，该地区流水侵蚀和冰川侵蚀占比多少的问题。

缪尔的研究为揭示优胜美地山谷的起源做出了重大贡献。此次塞拉俱乐部将他的这些研究成果重印成册，是希望更多人能够了解到这一点。然而，这本书的面世还是迟了一步。很遗憾，缪尔在《陆路月刊》上发表这些文章之后，并没有立即亲自去推广宣扬，而随着岁月的流逝，他的研究成果渐渐失去了时效性。因此，这些成果并没有得到广泛的关注，未发挥应有的作用，也没有为缪尔带来应得的名声和荣誉。

　　尽管如此，缪尔苦心观察、搜集的事实材料和他据此做出的有力推理，在今天看来依然价值不菲。我相信，那些想要了解优胜美地山谷的起源及其地质特点的朋友，以及那些想要更全面地了解约翰·缪尔本人的朋友，都会对本书产生浓厚的兴趣。

威廉姆·E.科尔比（William E. Colby）

写于加州伯克利

1949 年 9 月 25 日

Foreword
前言

每次重读缪尔的某些作品时，都令我拍案叫绝。他几乎凭一己之观察，就出人意料地洞见了冰川运动对地形的塑造。要知道，和物理学、化学、天文学等传统学科不同，地质学是一门非常年轻的学科，其中大部分的发现和成就都出现在最近的 75 年间。在缪尔研究山脉地形中的峡谷、冰斗和山峰的时期，与冰蚀理论相关的知识尚未普及。他熟知那个时代的地质类著作和文献中的冰川学，而他所阐述的内容并不在其中，这些关于山脉的独特见解，都直接来自他广泛而长期的实地考察。当时，美国西部的山岳冰川并未引起其他地质学家的注意，也鲜有人对该自然现象进行研究。因此，缪尔在研究山脉时，几乎没有从地质学界同行的相关成果中获得提示和灵感。了解到这一点，我们就会更加觉得缪尔对冰蚀作用研究的贡献是如此了不起。事实上，直到半个世纪之后，才有类似的研究出现，山脉间的冰蚀效应也才得以公认，足见缪尔的工作有多么超前于他的时代。

缪尔非常清楚冰川作用于山脉的证据，并能区分哪些地区遭受过冰川侵蚀，哪些地区未曾覆盖过冰川。在此基础上，他不只是广泛地了解冰川覆盖范围的过往和现状，而且对冰川从高处堆积到低处消融的移动路径也了如指掌。例如，他很清楚冰川在流经土伦草甸（Tuolumne Meadows）后一分为二，其中一条翻过 500 英尺高的分水岭，滑落到现在的特纳亚湖（Lake Tenaya）流域，最后进入特纳亚峡谷（Tenaya Canyon）与默塞德冰川（Merced Glacier）汇合，而默塞德冰川的主要补给源则来自完全不同的流域。

缪尔通过仔细地观察、推测和归纳，得出一个重要的结论，山脉中的花岗岩节理结构，通过引导冰川塑形，在很大程度上决定了当地的地貌特征。这一结论，在被发现和充分证实之后，似乎显得平淡无奇。然而众多的科学结论都是如此，其发现或证明过程需要投入大量的精力，而之后教导给后人只需几分钟罢了。缪尔告诉了我们从默塞德（Merced）到国王峡谷（Kings）间那些穹顶的曲线是如何形成的，还有半穹顶（Half Dome）北部断崖那个横平竖直的线条又是怎么回事。他一语道破，在冰蚀之后"岩石的纹理决定了其表面的样子"。他还漂亮地证明了"山脉中所有类似优胜美地的地方，都出现在两个或更多冰川峡谷的交汇处"，交汇的数量越多，规模越大，坡度越陡，则下方出现的"优胜美地"愈发宽广和幽深。

缪尔充分认识到冰期过后的侵蚀作用微乎其微，并找到了可靠的证据，合乎逻辑地给出了论证。他发现如今的岩石或山坡表面，只比冰川削蚀后的略低一点，高海拔地区平均不超过3英寸，中海拔地区不超过1英尺。对于这些具体数据，冰川学家们可能有不同看法，但对缪尔给出的大致结论不会有太多异议。当然缪尔并不清楚，从冰期结束至今仅仅只有15000年左右。

缪尔第一个认识到此处曾有体积巨大的冰川，并塑造了如今的地貌，尽管他高估了山脉间冰川的覆盖范围及其造成的影响。他认为冰川覆盖了整个山脉地区，但现在我们了解到，山脉的西侧冰川几乎不曾到达。另外，他认为冰川将花岗岩基岩以上的部分全部搬走了，从曾经的岩顶到如今的陆地表面，约有1英里的厚度，这个量显然太大。不过瑕不掩瑜，他提倡的冰川曾在山间广泛分布这一观点，仍是一大贡献，而他著作中阐述的冰川可以移除大量石块以塑造地形的内容，也为后人启迪了新的思路。

缪尔并不确切知道曾有多个冰川期，冰川有过四次大的进退，但他隐约察觉到了这一点。他说，冰川显然不断地经历着收缩和扩张，许多冰碛的构成和性质有明显的区别。

冰川并非坚硬的固体，更像一种非常黏稠的流体，因此冰川不能长距离地向高处攀爬。这一点当时的地质学家们自然还没认识到。而缪尔的调查工作显示，在多个地区，冰川曾存在于临界线数百英尺之上。这为研究山脉的历史和冰川动力学提供了重要的信息和启示。现在我们知道这个上升的动力来自冰川遇阻后表层的整体滑脱。

缪尔关于山脉间冰川塑造地貌的文章，无论科学推理还是文学风格都可圈可点。在任何学科的早期形态，或是对某些自然现象的研究初期，其做法通常是以描述为主的。由于材料和数据有限，从中得出的推论或结论也很难是严格分析的结果，不乏部分的猜测。缪尔研究冰川效应的方法，是早期地质学中运用归纳法的一个很好的例子。他对花岗岩中的节理等现象做了相当仔细和全面的观察记录，然后据此归纳推论冰川侵蚀作用对山脉形态和地貌的影响。该方法在科学研究中经常有意使用，几十年后，格罗夫·卡尔·吉尔伯特（Grove Karl Gilbert）、T. C. 张伯林（T. C. Chamberlin）、威廉·莫里斯·戴维斯（William Morris Davis）等美国地质学家们纷纷在科学文献中正式提及此研究方法。

缪尔的写作风格非常独特，既有科学上的理性推论和精确表达，又饱含了文学上的优美叙事，作品让人读来津津有味。他在写作时字斟句酌，当英语的固有词汇不够用时，还自己创造了一些词语和表发方式，例如 peaklets（小尖峰）、mountainets（山网）和 past flowed rock（意思是曾有冰川流过的石头）。他的作品如此简明扼要，充分体现了他对该学科了如指掌，并熟知如何用通俗易懂的方式来表述自己积累的知识。

在美国，像缪尔这样的人物实属凤毛麟角。他能够将科学知识讲得引人入胜，不仅向公众传达了准确的信息，也让大家享受了阅读的乐趣。更重要的是，许多年轻人会因他的作品而激发兴趣，将来从事探究自然的工作，进行更为深入的研究。

约翰·P. 布瓦达（John P. Buwalda）

写于加州理工学院

1947 年 8 月 18 日

Introduction
简介

威廉姆·科尔比

约翰·缪尔一生中最伟大的成就之一,就是他最早发现并提出了冰川作用在优胜美地山谷起源中的重要意义。1868年4月,他第一次造访了优胜美地,次年11月,他故地重游并在那度过了好几年。1870年8月缪尔明确提出,优胜美地曾覆盖着巨大的冰川系统,这里的飞瀑悬崖等壮丽景色都是冰川作用的结果。

当时的缪尔正值年少青春,有着旺盛的求知欲和科学思维的头脑[1],同时又很热爱户外运动,他会醉心于研究这一开创性的发现,尽在情理之中。眺望着酋长岩(El Capitan)和半穹顶(Half Dome)的笔直悬崖;瞥见优胜美地瀑布(Yosemite Fall)和新娘面纱瀑布(Bridalveil Fall)从天而降俯冲到陡壁之上;远看内华达瀑布(Nevada Fall)和弗纳尔瀑布(Vernal Fall)从嶙峋的花岗巨岩上弹落默塞德河(Merced River)后直入峡谷,又宛若闲庭信步;任谁都会心生疑惑,如此绝景何以造就?

诚然,很多人坚持认为世上少有的奇观完全出自上帝之手，在"创世之初"就已"尽善尽美"，至今不曾改变。缪尔提到 1879 年 6 月的时候，曾和马队一起来到云歇峰（Clouds Rest），同行人员中有著名的牧师约瑟夫·库克博士（Dr. Joseph Cook）。一路上大家聊天的话题自然转向眼前各种奇景的成因。缪尔宣称在山谷美景的形成过程中冰川功不可没，而库克坚持认为周遭的景观自诞生之初就保持原样至今，当然这一切都"创自上帝之手"。他赞成惠特尼（Whitney）的理论，即峡谷是底面陷落而成的，这说法更符合创世论。路过一处时，缪尔提请他注意看脚下，那是一大片经冰川打磨光滑的花岗岩路面，这位胖胖的牧师下马观察时，突然脚下打滑，一屁股重重坐在地上，摔得眼冒金星。缪尔赶紧过去扶他起来，但同时不无得意地跟他说："博士你看，上帝使劲提醒了一下，告诉你这是冰川干的伟大工作！"

在地质学研究早期，有关优胜美地山谷起源的文章很多，提出的各种理论大相径庭，不乏矛盾之处。[2] 塞拉俱乐部对这个起源问题尤为感兴趣。约翰·缪尔是该组织的创始人，也是最重要的领导人，在他的努力下，该问题最终得以澄清[3]，相关研究进入了现代地质学阶段。塞拉俱乐部的活跃表现促进了政府的行动，基于政府组织的对优胜美地山谷的地质勘查，弗朗索瓦·E. 马特斯（François E. Matthes）在充分调查研究后，最终于1930年发表了著作《优胜美地山谷的地质史》(*The Geologic History of the Yosemite Valley*)[4]。而后，在塞拉俱乐部的影响下，弗朗索瓦·马特斯还出版了一本非学术性的书籍《无与伦比的山谷：对优胜美地的地质解释》（*The Incomparable Valley: A Geological Interpretation of the Yosemite*）。

曾是加州地质研究中心一员（California State Geologist，1860—1874）的 J. D. 惠特尼（J. D. Whitney）教授[5]，最早提出过一个关于峡谷成因的理论，并得到了广泛支持。他和助手从1860年秋天开始实地勘察，经过4年的野外工作，1865年通过加州出版的《地质学》（*Geology*）第一卷发表了成果。其中，惠特尼集中讨论了山谷的成因问题（421—423）。他声称由他和助手共同得出的结论是，大多数现存于加州的峡谷和山谷都是流水侵蚀的结果，但同时他们也注意到了像酋长岩这样的直立崖壁和优胜美地中的其他一些峭崖陡壁不能归入该成因。惠特尼写道：

> 在我们看来，导致这个巨大裂面的力，很可能和造山运动的力是一样的，这种巨大的力量抬高了山脊，也切割出了峭崖陡壁。像布罗德里克山（Mount Broderick）的穹顶，以及其他类似的穹顶，我们认为是大地剧变而成的，因为找不到通常的侵蚀痕迹，除此以外难以解释。而那些半穹顶，毫无疑问是从中间被劈开得来的，至于那消失的另一半，仿若"万物之销亡与世界之毁灭"（译者按：这一句出自英国

诗人约瑟夫·爱迪生［Joseph Addison］。
The stars shall fade away, the sun himself
Grow dim with age, and nature sink in
years, But thou shalt flourish in immortal
youth, Unhurt amidst the wars of elements,
The wrecks of matter, and the crush of
worlds.）。

他还补充道，"有些研究组"提出了反对意见，因为他们发现谷底多是坚硬完整的花岗岩，而依照剧变理论，现存的山谷无论成因是底部陷落还是整体剥落，谷底"都应该有一条被碎片填满的深邃裂谷，而非一整块坚硬的花岗岩"。对此，惠特尼的回应是：

陷落的碎块体量太过惊人，所以能看到的只是暴露的一小部分，而这部分恰好和相邻的悬崖完美接合起来……这场剧烈运动发生时，花岗岩体可能仍处于半塑性状态，其表面的延展性相当好，可以向下陷落一大段距离仍不开裂。

惠特尼还认为压力可以使这些半塑性的岩石糅合到一起，从而看不出任何断裂的痕迹，为此他补充说明：

> 简言之，假如优胜美地的谷底真是"地陷"而成，那么并非是一整块塌陷，也非一次运动而成。陷落发生了多次，每次的部位和深度也不尽相同。

值得我们注意的是，他认可了克拉伦斯·金（Clarence King）和詹姆斯·T.加德纳（James T. Gardiner）的研究成果：

> 有充分的证据表明优胜美地曾覆盖冰川，而且该地区的所有溪流峡谷都被冰川精心地打磨雕凿过。但是，这些冰川并未到达悬崖上部，而金先生却认为其厚度至少有 1000 英尺。

惠特尼提及许多由克拉伦斯·金详细描述过的谷底冰碛，并指出在酋长岩下方约四分之一英里的地方有一处大型的冰川终碛，宛如一堵横跨谷底的大坝，拦出了一个冰碛湖。

不过，由于其上方冰川作用带来的碎块不断掉落，如今已几乎被填满。

在《地质学》这一卷的其他部分惠特尼还提到，有证据表明，在土伦草甸和峡谷，以及科恩（Kern）河谷、国王（Kings）河谷和圣华金（San Joaquin）河谷都曾有大量冰川。其中一些冰川厚度可能超过1000英尺，甚至厚达1500英尺。当然，这些数据主要来自克拉伦斯·金的研究成果，相比惠特尼，他对这些古老冰川的规模和侵蚀作用要更感兴趣一些。[6]可是此后的数年里，对惠特尼错误理论的批评和宣称冰川作用才是山谷成因的说法扑面而至，令其备受困扰，于是他断然否定了"有充分证据表明优胜美地山谷曾存在冰川"和冰碛。这显然有悖于他之前在加州《地质学》中写的详细报告。

仅仅几年后，他就在公开发表的作品（1869）中写道：

> 说优胜美地的鬼斧神工是冰川侵蚀造
> 就，这简直是无稽之谈。居然有人会认为
> 冰川能塑造那些垂直的崖壁和圆形的穹顶，
> 没有比这更荒谬的理论了。看看阿尔卑斯
> 山吧，那才是真正出自冰川之手的作品，
> 与优胜美地大相径庭。此外，没有理由假
> 设——至少没有证据表明——冰川曾占据了
> 优胜美地山谷，或者山谷的一部分。总之，
> 我们不用在这个完全摸不着头脑的理论上
> 浪费时间，应当直接弃之。（详见《优胜
> 美地导读》［*The Yosemite Guide-Book*］，
> 第73页）

作为一位著名的科学家，惠特尼对显而易见的事实竟矢口否认，唯一合理的解释恐怕就是他已经恼羞成怒。他无法接受，在地质学界赫赫有名的自己却在山谷起源这样的重大问题上判断错误。其实，惠特尼

的理论一经公开就为世人普遍接受，虽有瑕疵，但总体上还是能自圆其说的，之所以会很快被颠覆，也许要怪罪于他自傲的性格和对批评的过分敏感。

约翰·缪尔是批判惠特尼错误理论的主力军，他证明了这个关于优胜美地山谷成因的理论是经不起考量的。1868年初春，缪尔来到加利福尼亚，迫不及待地赶往优胜美地山谷。他一见钟情于此处无与伦比的美景，徒步穿越了圣克拉拉峡谷（Santa Clara Valley），经帕切科山口（Pacheco Pass），又横穿了整个圣华金谷地，那里仍然保留着原始风貌，是一片名副其实的野生花海。那个时节，通往优胜美地的路上仍有几处覆盖着数英尺厚的积雪，但这阻挡不了缪尔前行的脚步。在他眼里，这个山谷完全可列入自然奇观，借用多年后爱默生（Emerson）到访此地的感言，就是"美得如同谎言"（come up to the brag）一般。优胜美地的壮丽绝伦深深地吸引着缪尔，让他决定耗费一生中许多的时光在此畅游。1869年夏天，他在默塞德附近的山麓照料羊群，干一些别的农活，赶着羊群一路来到了土伦草甸，在攒够了钱之后，当年的 11 月他又回到优胜美地山谷，并在此度过了之后的几年。

面对眼前的自然奇观，缪尔深怀着一颗科学探索之心，山谷起源的问题自会萦绕心头。他深入山谷的每个角落，寻找镌刻在岩石上的蛛丝马迹，他迈向高山之巅，经历了一段又一段难忘之旅。为了找寻证据，缪尔不放过任何一处细节，为了观察得更细致，他从不吝啬自己的双手和膝盖，也不忘借助放大镜和指南针。凭着超乎寻常的耐心，他在几年间积累了大量不可辩驳的事实证据，证明在优胜美地的山谷和高山地区有过冰川活动。他的作品字里行间充满了激情，又亲切、易懂，很快就成为畅销之作。

1868 年缪尔初次造访优胜美地时，仅仅停留了 10 天左右，不太可能进行许多细致的观察。而在此之前，他读过惠特尼的《地质学》，从中了解了"陷落"

理论。查看缪尔的日记，我们幸运地发现了他追寻优胜美地起源问题时最早的观察调研记录。[7] 1869 年夏天，缪尔受雇赶着羊群（缪尔称之为"有蹄蝗虫"，对这一称呼他有过详细的论述，源于羊群对山地植被的破坏）从默塞德山麓一路来到土伦草甸。当年的 7 月，他在落叶松溪（Tamarack Creek）扎营时，一眼看到了在一块巨大花岗岩上有"冰刨"的痕迹，那是"平行的横纹"，这是他第一次发现并记录冰川活动的踪迹。几天后，当他在优胜美地山谷上方的印第安溪（Indian Creek）边扎营时，又记录了"闪闪发亮的冰川行道……光滑的穹顶……还有鳞次的冰碛"。在山谷上方面对北穹顶（North Dome）写生的时候，他又提到"被冰打磨光滑的走道和山脊"以及"冰川琢磨的穹顶"。在霍夫曼山（Mount Hoffmann）的山坡上，他眺望着"上土伦地区那波涛汹涌般的冰犁之原"，俯视着特纳亚湖：

　　眼前这个最大的冰川湖坐落于一个冰凿

的湖盆之中，古老的冰川经历了数不清的年华，才慢慢完成这项巨大的工程……湖盆另一侧，屹立于东方的是闪亮的穹顶，曾几何时，冰川从那里经过，刮削着，琢磨着，终将其打造成今日之姿，而现在只有风依旧从上面掠过。

那年的8月份，缪尔在特纳亚湖西畔宿营：

我沿着北岸那些被冰川打磨光滑的走道散步，一路爬上了湖东一处雄伟的山岩。夕阳的余晖刚好洒落在它身上，反射出闪亮的光芒，它的每一寸表面仿佛都在彰显冰川打磨的痕迹……古老的冰川来自东方，曾经包裹着它，从它顶上重重地掠过，凿刻的划痕和挤压的纹路记录着冰川的来去踪迹。即使在湖水中，有些地方的岩石上仍能看到冰川刮刨和琢磨的痕迹，经过这么多年浪花的拍打和自身的消融，它们依然没有被完全抹去。

为了爬上某些陡峭的地方，我不得不脱下鞋袜，眼前这些被冰川抛光的石面是研究冰川塑造山形的极好素材。

缪尔还注意到另外一些现象：

有些被打磨光滑的花岗岩，凸起在高达 1000 英尺的地方，这可能是由于其阻碍了冰川前行的脚步。

他十分在意霍夫曼山和大教堂峰（Cathedral Peak）之间的裂谷：

有一条来自山顶的古老冰川曾经过这里，在越过此地时上升到比土伦草甸高出 500 英尺的地方，令该区域整个被冰川所覆盖。

在特纳亚湖以东 3 英里的地方安营时，缪尔推测：

只有在那些斜坡底部的大溪谷中，也就是冰川向下运动的力量所能到达的极限处，我们才能找到宽阔而深邃的湖泊。

显然，在 1869 年夏天，缪尔进山不久，就已经充分认识到了冰川作用在塑造当地景观中的重大意义。

在这次"意义非凡的朝圣"中，面对"优胜美地的绝景"，缪尔一直在尝试寻找一种合理的"解释"，"希望终有一天能够了解，这么多鬼斧神工的创作为何会聚集于此"。独坐在北穹顶之上的他，"并不确定自己能够揭开这个秘密"，但仍然"期待在这篇上天留下的神圣手稿中，能够忘我地投入，孜孜不倦地学习"。

尽管刚来到优胜美地山谷不久，缪尔显然已经把握了探索问题的关键，对于揭示这片区域的真正起源，他的前行方向比前人都要更正确。

1871 年 9 月 8 日，他在一封给伊斯拉 · S. 卡尔夫人（Mrs. Ezra S. Carr）的信中写道：

> 过去 3 年里，我一直在探索这个山谷和它东侧的山区，悉心地观察自然向我展示的点点滴滴，竭尽全力地思考。这个神奇的山谷一直盘踞在我脑海之中，我不禁

要问，上帝是怎样创造它的？用的是什么工具？又是在什么时候，如何运用这工具的？我沉思着上天开辟的这些峡谷，试图从那些已知的途径中找寻答案，然而却是徒劳无功。于是我对自己说："你这样做只不过是枉费心机，优胜美地是一幅已经完成的壮丽篇章，如果想要读懂它，就必须回到原点。"于是我来到这些写满词句的山谷的最高处，细细对比每一条峡谷，读它们的岩石结构和纹理，看它们的大小和坡度，阅其中的冰川和流水。我恍若置身于一场盛大的石雕展会，观摩了每一块山岩的塑造与成型。就这样，我很快得到了一把钥匙，可以打开新的途径，通往优胜美地的每一块岩石和峭壁。我发现一种神奇的力量，它创造了奇迹，我完完全全被吸引，沉醉其中不能自拔。不管清醒或

是睡着，我无时无刻不在思索。即使在梦
中，我都看到了冰川刻划的模糊章句，抑
或是一些劈裂的线条，抑或是雕琢复杂的
岩石结构。我无比确信，自己已经走火入魔，
若非不断努力，解决全部的疑问，我的人
生将是一种悲哀。[8]

之后他又在信中写道：

这些奥秘由冰川深深印刻在岩石之上，
想要得知它们，最好的办法就是像冰川一样
躺在石头上，耐心地观察，不断地沉思。[9]

1871 年 9 月 24 日，他在一封给克林顿·L.梅里亚姆
（Clinton L. Merriam）的信中写道：

我对优胜美地的成因有自己的看法。
整个山谷，无论是那些穹顶还是直立的崖
壁，都是曾经流过此地的冰川留下的杰作。
这个地区花岗岩的特殊结构，严格地控制和
引导着冰川的力量，这股力量甚至造就了整

个默塞德流域所有岩石、湖泊以及草甸的
特殊形态。[10]

缪尔进一步做了补充，他认为：

在内华达山脉（Sierra Nevada）地区，
早年存在大量冰川，这些冰川一直延伸到
山脚下。

很显然，这里的冰层如此之厚，覆盖如
此之广，以至于很少有山脊可以露出，将
其分割成单独的冰川，所有的上游洼地都
被冰层覆盖。群山峻岭仿佛置身于河流中
的巨石一样，被流过的冰川环绕或挪走。

冰川从各个峡谷汇入优胜美地的腹地，
在距今比较近的一个时期，几条冰川汇合
到其北侧岩墙，形成一整条连绵不断的冰
川，覆盖了北侧飞鹰崖（Eagle Cliff）之外
的其他地方。[11]

1871 年 11 月 16 日，他在给母亲的信中提到，优胜美地

并非如传言所说是"完全非凡的神迹",而是:

> 众多山脉篇章中的光辉一页。很久之
> 前上帝路过了内华达山脉,以冰为笔,书
> 写了山脉篇章中的很多页。我知道优胜美
> 地和这些壮丽山脉中的其他山谷是怎样形
> 成的,在我人生中接下来的一两年时间里,
> 我要将其转述为一本人间的书——这是一
> 项光荣的使命,是在上帝指引下的传教。[12]

杰出的地质学家约瑟夫·莱肯特(Joseph LeConte)教授是当时的科学共同体中,第一个认识到缪尔的观察研究所蕴含的价值之人。1870年8月,他在山谷偶然遇见缪尔,便邀请他跟随自己的团队一起前往土伦草甸。缪尔告诉莱肯特教授,他坚信当地山谷的地貌是冰川作用的结果,并宣称自己在莱尔山(Mount Lyell)和默塞德群峰间发现了残存的冰川。之后,莱肯特教授在1872年9月发表了相关论文《山间的一些古老冰川》("Some Ancient Glaciers of the Sierra"），并将这些发现归功于缪尔。

路易斯·阿加西（Louis Agassiz）教授在看过缪尔写的关于优胜美地冰川的文章后，激动地说："这是第一个对冰川运动有充分认识的人……相比其他人，缪尔的研究目标更加远大，取得的成果也更多。"

1872 年的秋天，缪尔再一次写信给卡尔夫人，说刨削岩石几乎是由冰一手包办的：

> 优胜美地和赫奇赫奇（Hetch Hetchy）的低洼地区到处都是冰川。汇集到优胜美地的冰川在向外流动的过程中，挤压山谷两侧，攀升到一个相当高的地方。优胜美地下游的峡谷非常蜿蜒崎岖，而那里的冰川因为漫到了足够的高度，可以毫无障碍地从这些蜿蜒崎岖之上通过……
>
> 我很诧异地发现，流水的作用和这里的山体塑形几乎无关。惠特尼说，没有证据表明冰川曾流经这个山谷，但是在盘踞

此处的冰消失之后，两侧山岩被侵蚀的痕迹还不到 1 英寸深，而在山谷下方几英里处，冰川活动的痕迹却显而易见。[13]

一位名叫约翰·伊拉斯谟·莱斯特（John Erasmus Lester）的学者曾于 1872 年到访优胜美地，并和缪尔相遇相识。此人回到罗德岛（Rhode Island）之后写了一篇关于优胜美地的文章，并在历史学会中公开发表。他在文章中写道：

有一位像休·米勒（Hugh Miller）一样的苏格兰绅士，名叫约翰·缪尔。在过去两年间，他一直住在优胜美地山谷，观察研究山谷周围的岩石。他告诉我，自己仿佛在阅读一本摆在面前的宏伟之书。事实上他正独自从事地质研究工作，并详细地绘制、记录着山谷中的各个地方。毋庸置疑，他比任何人都要更加了解那个山谷。他在山脉的高处发现了仍然处于活动状态的冰川，它们正在山间刨出深深的洼地。他对被冰川覆盖的岩石进行了严格的检测，并且已经掌握了大量原始资料，可以预见一个正确的理论正在成型。[14]

在《冰川如斧》这本书中，缪尔用非常尖锐的方式，毫不留情地批判了惠特尼的理论（详见第二章）。

谈到流水侵蚀对山谷的影响时，缪尔表示，冰期之后，默塞德河上游流域在流水冲刷的影响下，河床深度的变化不超过3英尺。关于地陷论，他指出，如果仔细地测量一下就能发现，优胜美地山谷的两侧岩壁和地平线之间的平均夹角小于50度，这就意味着整个山谷不可能是由于地陷形成的。他还进一步强调了有五条冰川落入优胜美地山谷（详见第三章），它们在进入山谷时裹挟着强大的力量，这股动力：

来自这些冰川自身的倾斜滑落……正是这股强大的力量，使得冰川从山谷奔腾而出时，没有被那些狭窄、崎岖的小河谷拖住脚步……而是从山谷的下方，继续攀升到了一定高度，我们可以从山谷两侧崖面上看到那些琢磨的痕迹。

缪尔在优胜美地山谷的各个地方搜集了大量冰川活动的证据，这些分散在各处的冰川杰作并没有令他应接不暇。经过细细沉思之后，他感叹道："我们不禁要问，难道这就是全部吗？如此伟大的创造力难道没有留下更辉煌的作品？"（详见第四章。译者按：其实是第三章的结语。）

在回答"这种侵蚀的总量是多少？"时，缪尔强调了流动冰川的破坏力：

翻过最高的穹顶，蹚过最深的峡谷，不管遇到什么样的阻碍，它们都孜孜不倦地切削、啃噬、琢磨着所到之处的表面……无论是 1 英尺厚的岩石，还是数千英尺厚的岩石，只要时间足够，冰川都可以将其完全带走。没有人敢自诩计算出了冰期的长度，但人们普遍认为它持续了上千年甚至上百万年之久。然而，那些地质学家们不惜用骇人听闻的剧变论来解释这些自然现象，也不愿留给冰川足够的时间来完成这些工作，哪怕只是镌刻一条小小的峡谷。

在优胜美地的起源问题上，缪尔猛烈抨击了惠特尼提出的"地陷论"，双方进行了白热化的论战，情绪都很激动。如之前提到的，惠特尼气急败坏地全盘否认有证据表明"冰川曾占据了优胜美地山谷，或者山谷的一部分"，而他早期在《地质学》中的文章里曾详细地介绍了山谷中存在过冰川的确凿证据。对于缪尔提出的优胜美地的冰川起源一说，惠特尼称之为"前所未有的无稽之谈"，而在提到缪尔本人时，则轻蔑地呼之为"放羊人"和"导游"。同样，缪尔也在许多写给朋友的信中宣泄了自己的情绪，前文所述可见一斑。

考虑到惠特尼和缪尔的身世以及当时两人的社会

地位，他们的激动情绪和所作所为也在意料之中。一方面，惠特尼在当时声名赫赫，被公认为美国地质学界的领军人物。他早年在美国和欧洲受过顶尖的教育，得到过世界一流科学家们的指导。后来加州政府邀请他主持地质考察工作，上任之前，惠特尼自称这是一项"在美国与自己相称的伟大工作"。来到加州后，他被州长洛（译者按：时任加州州长是弗雷德里克·费迪南德·洛 [Frederick Ferdinand Low]）任命为"优胜美地管理委员会"（State Commission to manage Yosemite）的成员，而在弗雷德里克·劳·奥姆斯特德（Frederick Law Olmsted）卸任后，他成为该委员会的主席。正因如此，他频繁出没优胜美地山谷，撰写并出版了第一本该地区的旅游指南，其中详细阐述了他对优胜美地起源的推论。毫无疑问，作为一个闻名全国的首席地质学家，惠特尼在众多才干出色的助手协助下，经过深思熟虑，就优胜美地山谷的起源问题提出了他认为的最合理的解释。但是，这个家喻户晓的成熟理论却被一个名不见经传的年轻人质疑和蔑视。这个轻狂之人甚至连大学文凭都没有，不过就在威斯康辛州（Wisconsin）那所毫无历史底蕴的大学学了点地质学的皮毛，简直就是目无尊长。当惠特尼从优胜美地管理委员会（他时任主席）得知，有人刚来此地不久，就发现了鲜为人知的痕迹，并大胆地质疑了他的成熟理论时，自尊心极强的他自然会勃然大怒，仿佛尝到了歌利亚（Goliath）败北大卫（David）的滋味。（译者按：《圣经》中的故事，歌利亚是个巨人，各方面都优于大卫，却被初出茅庐的大卫击杀。）另一方面，缪尔那苏格兰人的直率个性加上初生牛犊不怕虎的冲劲，也让他在批评惠特尼的理论时措辞过于激烈。尤其当他看到惠特尼刚愎自用，固守漏洞百出的理论时，更是气不打一处来。事后，缪尔曾不止一次地跟我说，他其实非常敬佩惠特尼的学识和能力，也很尊重其在加州的地质考察工作，自己很后悔在批评惠特尼时言语太过激进，少了一分理应有的谦虚和恭敬。[15]

　　在惠特尼的质疑和反击下，缪尔一心想要进一步巩固自己的观点。他意识到在阿拉斯加（Alaska），至今仍有大量活跃着的冰川在孜孜不倦地塑刻地貌，就像曾经的优胜美地一样。关于这方面的情况我们可以品读《阿拉斯加之旅》（*Travels in Alaska*, 1915）一书。该书在缪尔逝世后才出版，讲述了他沿西北海岸一路前行的见闻，从中我们可以了解到他对阿拉斯加冰川深入而细致的观察研究。[16]在这个区域，他是探索的先驱者，第一个为这里崎岖的海岸绘制了详细地图，同时也为阿拉斯加许多当时尚不为人知的冰川命名。为了纪念他的功绩，后人将其中最大的冰川之一，称为缪尔冰川。

　　探险家们在开荒的时候，通常都会带大量随从和精良装备，但缪尔与众不同，他深入荒蛮的阿拉斯加时，只有印第安人陪伴，传教士杨浩（S. Hall Young）偶尔也会同行。缪尔经常独自一人在冰川上探索好几天，他的攀爬技巧和对路线的判断能力是一流的，如果有个半吊子的随从反而会拖他后腿。他描述阿拉斯加的探险经历时，用大量篇幅饶有兴趣地讨论了与冰川相关的问题。缪尔亲眼见到了"冰之巨斧"以"惊涛骇浪之势猛烈地席卷着花岗岩壁"。他明确指出："流动的冰川正刨削着大地，塑造着景观，这样的事实生动而鲜明地摆在眼前，毋论地质学家，任何一个普通人看到此情此景都能马上理解这一点。"在某个冰川面前，他费尽力气穿过"灰色的矿物泥，那是由细碎的岩粉调成的糊状物……它们吞没我们的双脚，像冰一样冷静"。他发现"来自冰川的溪流日夜奔腾，每分钟都搬运着数以吨计的沙土和石头"。接着，他又写道：

> 第二天，我顺着冰之阶梯攀到冰川的顶部，又沿边缘来到两英里宽的瀑布口，在那里看到壮丽的冰川如一条汹涌的大河，从陡峭的斜坡跌落泻下。在我目不转睛地

欣赏了好久之后，忽然发现下方有一处肋骨状的坚硬花岗岩，于是我进到里面，映入眼帘的是一幅奇妙而生动的画面。头顶上方的冰川仿佛在用最具说服力的话语讲述一堂塑造地形的课，不仅展现了它研磨和刨削岩石的能力，还告诉我们它是如何分解一块棱角分明的巨石的。我于加州山脉中学到的许多有关冰川的知识，在这里都进一步得到了证实。

总之，至今为止我见到的所有石壁岩墙，在形态和颜色上或多或少都与优胜美地的相似，并且都有如瀑布般下垂的纹路。

缪尔一次又一次地见证了壮丽的花岗岩巨石穹顶，心中的激动溢于言表：

这是和优胜美地一样的雕塑作品！这是和优胜美地一样壮美的峡谷！

我敢说，这片海域中的峡湾和沟渠等

都是冰川作用的产物。

他发现：

> 在整个冰期的前期，大陆的边缘地带
> 不同深度地被冰川侵蚀到海平面以下，而
> 后冰川大量融化，海水自然流入这些洼地。

我们不停地攀爬，越过那些波浪般的岩石，它们层层叠叠，时而覆满青苔，时而光滑明亮……最后我们来到一块巨岩脚下，它如优胜美地的那些巨石一样，但比迄今为止见过的任何一块都更为壮观，放眼远方，是一片深蓝色的峡湾水域。

缪尔注意到峡湾被阻断了：

> 阻断峡湾的是一道坚硬无比的花岗岩
> 大坝，巨大的冰川曾从上方掠过，但没能
> 将这块坚硬的岩石侵蚀到水平面以下，如
> 今潮水猛烈拍击着这道堤坝，如山洪般冲
> 进冲出。

他发现了许多像优胜美地一样的地方，并称之为"冰

冷北方的豪宅"。对于其中的一处，他这么描述道：

　　这是一个正在生成中的"优胜美地"，
四周石壁的塑形已臻完善，上面的植被也
不错，只是底部尚未完成，没有小树林、
草地和花园，还是原始状态。探险者进入
这里，好比来到了如默塞德地区一般的"优
胜美地"（译者按：作者将类似优胜美地
的地貌区都称作 Yosemite，此处的"优美
胜地"表示一类地貌区，而非一个专门的
地名。默塞德地区是一处正在发育中的"优
美胜地"，作者用 Merced Yosemite 表示一
类"发育中的优美胜地"。），四周的石
壁和如今优胜美地的相差无几，一些温暖
的角落和阳光充足的冰碛覆盖区，树木生
长、鲜花盛开，然而山谷的底部仍是大量
的水塘、泥床和石滩。塑造山谷的巨大冰
川正缓缓褪去，不过依旧充斥着山谷的上

半部分。

深深印刻在缪尔脑海的景象是：

这个原始的"优胜美地"，它尚在形成之中，壮丽无比。类似加州山谷中的穹顶，高耸于天空之下，显现出完美的轮廓。巨岩的正面如峭壁般挺拔，好似高贵的雕塑，无论是规模的大小还是构图的精美，我所见过的任何雕刻作品都无法与之比拟。

关于其中一个特别的山谷，缪尔描述道：

这个山谷，尽管底部仍充斥着冰和冰水，但完全可以被视为一个典型的优胜美地式山谷，一座适合在冬天和夏天前去度假的高贵别墅。它全长约 10 英里，宽 3/4 英里到 1 英里，包含大小瀑布 10 个，其中顶头左侧的瀑布最为壮丽……

山谷四周岩壁上的草木数量和优胜美地的相差无几，由于更加湿润，较小的植

被——灌木、蕨类、苔藓、花草等相对更
多些。尽管如此，目前大部分的岩壁还是
光秃秃的，由冰川打磨的表面闪闪发亮。

缪尔在《冰川如斧》这本书中提出了很多有关冰
川的理论，从上述《阿拉斯加之旅》的摘抄中我们可
以发现，这次的探险为这些理论提供了非常有力的证
据。在阿拉斯加，他看到了活跃着的冰川正在雕凿和
琢磨岩石，这和他之前的假设是一致的，使他更加确
信古代冰川也是通过这种方式塑造了如今加州的优胜
美地。

1893年，缪尔探访了瑞士和挪威的峡湾，继续
搜集证据来证明自己的论点。

1913年，基于普通民众和科学界对优胜美地起
源问题的浓厚兴趣，美国地质调查局（United States
Geological Survey）组织了对整个优胜美地地区及
其周边山脉的全面勘查。其中有一位杰出的地形地质
学家叫弗朗索瓦·马特斯，他致力于研究冰川和地貌，

当时已经绘制出了非常出色的优胜美地山谷地形图，日后更是成为国际公认的冰川学权威。另外，有一个叫弗兰克·C.卡尔金斯（Frank C. Calkins）的人，负责勘查该地区的岩石，协助马特斯的工作。这些地质学家们通过多年艰苦卓绝的工作，终于在1930年以第160号专业论文（Professional Paper 160）的形式发布了成果，题为《优胜美地山谷的地质史》。这部不朽之作被公认为地质文献中的经典，也是美国地质调查局最优秀的出版物之一。该作品颇具特色，其写作语言通俗易懂，中间配以大量精美的插图，还有许多折叠着的地形图和地质图，就算是普通民众也能和科学家一样读懂内容。

在该作品以及其他一些篇幅较小的出版物中，马特斯高度评价了约翰·缪尔："他第一个清楚地认识到大部分的塑形工作是由冰川独立完成的。"然而，马特斯也用自己的研究表明："缪尔……过分夸大了冰川的侵蚀作用。"

马特斯发现，和大多数被详细勘查过的冰川地区一样，优胜美地的冰川记录非常复杂，在整个大冰期中，有多个相互独立的小冰期各自作用。在这些小冰期之间的间冰期，优胜美地并未被冰雪覆盖。因此，马特斯认为优胜美地是默塞德河的流水侵蚀和多个冰期的冰川侵蚀共同作用的结果。为了进一步回答"究竟有多少工作是河流完成的，多少工作是冰川完成的？"这一问题，马特斯运用了现代地貌学技术（详见第160号专业论文），发现每次冰期之前的流水侵蚀会在优胜美地的花岗岩体上留下V形峡谷，因此：

> 在山谷的末端，通过冰川作用加深的部分只有500英尺左右，但越往上游去，冰川的作用越明显，在接近山谷起始的地方，冰川刨削的部分最深可达1500英尺左右……在优胜美地的形成过程中，横向的刨削要比垂直向下的刨削更加厉害，导致各个方向拓宽的程度都要比加深的程度大。

如今看来，由于这些横向的拓宽，冰期前

形成的 V 形峡谷最终都成了 U 形。

马特斯认为，冰川"在山谷的底部岩层刨挖"出

了"一块狭长的凹地"，从而形成一个浅浅的"优胜

美地湖"，其深度取决于酋长岩下方的终碛堤之高度。

因为从来没有实际测定过，他不清楚这个湖盆的具体

深度，不过他估计各处的"深度可能从 100 英尺到

300 英尺不等"，很有可能"湖盆的最深处……位于

优胜美地村的对面，即山谷的上游地区"。马特斯进

一步阐明：

目前关于该岩层上凹地的解释纯粹是

一些推论……除非对整个山谷进行系统的

钻孔探测，提供必要的事实证据，否则不

能下定论。

关于钻孔探测他补充道：

冰川侵蚀效率的研究，仍面临很多挑

战，亟须这些测定数据……

关于古代冰川在何种程度上侵蚀和塑造了山谷，至今争论不休。要解决这些棘手的问题，也许没有比直接系统地测定优胜美地湖的深度更好的办法了。[17]

岩石的结构，尤其是节理，很大程度上决定了冰川如何从它表面经过，怎样对它进行刨削和琢磨。缪尔最先认识到这一点，并进行了阐述，马特斯充分肯定了这种说法，并给出了更为详细的解释，阐明了在这些山脉间迥异地貌的形成过程中，岩石的节理发挥了主要作用。

近年来，针对优胜美地现有地表下方的基岩和凹地的深度，又有了新的研究进展。加州理工学院地质系前任主任约翰·布瓦达博士通过地球物理学的研究方法，利用该学院探测地震波反射的设备，对这些问题进行了探索。布瓦达博士所做的工作主要是在山谷各处钻一些较浅的孔洞，然后在其中引爆炸药，精确测算地震波到达基岩后返回的时间，进而计算出基岩的深度。他在 1934 年到 1935 年间进行了实地勘测，之后由他的同事贝诺·古腾堡（Beno Guttenberg）博士对大量数据进行了数学计算。

这项研究表明，政府行政大楼（Government Administration Building）和咖喱村营地（Camp Curry）之间的基岩最深，位于当前地表 1800 英尺至 2000 英尺以下。从酋长岩对面往下游 3 英里的地方，基岩位于 1000 英尺深处。再往下游走 2.5 英里，到了山谷的末端，那里的基岩距地表仅 200 英尺。从咖喱村营地往上游方向，基岩所在深度缓缓减小，而到了特纳亚溪和默塞德河靠近快乐岛（Happy Isles）处，基岩像上了个台阶般突然变浅，接着再往上游 1 英里左右，基岩就开始暴露在地表了。

该研究还表明，如今的优胜美地山谷下的基岩被冰川挖了个大坑，形如一把巨大的勺子。这个凹坑在山谷上游部位可达 1800 英尺至 2000 英尺深，而在其下游末端则只有 200 英尺深。凹坑最深处在咖喱村营地前方，基岩位于冰川点（Glacier Point）下方约5000英尺处，这个深度相当于之前估算的山谷总深度的65%至70%。[18]

许多地质学家和马特斯持有相同观点，认为只有在沿着优胜美地山谷的一系列钻孔勘测完成之后，才能最终确定其基岩的深度。然而，另一种完全不同的做法，即地球物理学的探测方法已经表明，基岩深度远远超出了先前的估计。这为缪尔早期的卓越洞见提供了新的支持，强调了冰川作用在塑造优胜美地和其他山间峡谷中的丰功伟绩。

1938年4月17日，在纪念约翰·缪尔100周年诞辰的庆典上，马特斯向这位优胜美地的探索先锋深深致敬：

> 我作为一个熟知优胜美地地质情况的人，在读过缪尔的书信和著作后，可以肯定他比那个时代任何地质学专家都要更了解优胜美地的实际状况，他给出的各类解

释也最为正确……缪尔关于优胜美地冰川的理论，也许是19世纪70年代早期有可能提出的最接近真相的理论。[19]

综上所述，时隔75年的今天，对想要了解大自然是如何塑造优胜美地山谷的人来说，缪尔的这本《冰川如斧》依然是一部难能可贵的佳作。

约翰·缪尔关于冰川的写作

著作

《加利福尼亚的山》（*Mountains of California*）

书中的一些章节描写了加州山脉间的冰川草甸和高山湖泊。

《阿拉斯加之旅》

该书主要描述了阿拉斯加的冰川。

书籍和杂志中的文章

《冰川与雪旗》（"Glaciers and Snow-banners"）收录于《当代加州代表人物传记》（*Contemporary Biography of California's Representative Men*），旧金山班克罗夫特出版社（San Francisco Bancroft）1882年版，第2卷，第104—112页。

《太平洋沿岸冰川记事》（"Notes on the Pacific

Coast Glaciers") 收录于《哈里曼阿拉斯加探险》(*Harriman Alaska Expedition*),1901 年版,第 1 卷,第 119—135 页。

《美国科温号汽轮船到访的北极及北极附近地区的冰川》("The Glaciation of the Arctic and Sub-Arctic Regions Visited by the U.S. Steamer Corwin")载于美国第 48 届国会参议院文件,1881 年,第 1 季度,8:204,第 135—147 页。

《高山上的峰峦与冰川》("Peaks and Glaciers of the High Sierra")收录于 1882 年出版的《风景如画的加利福尼亚》(*Picturesque California*)。

《加利福尼亚内华达山脉成因研究》("Studies in the Formation of Mountains in the Sierra Nevada, California")刊登于美国科学发展协会(Amercican Association for the Advancement of Science)会刊,1824 年,第 23 卷,第 2 部分,第 49—64 页。

《阿拉斯加》("Alaska")刊登于《美国地质学家》(*American Geologist*),1893 年,第 2 卷,第 287—299 页。

《阿拉斯加之行》（"Alaska Trip"）刊登于《世纪》（*Century*）杂志，1897年8月，第54期，第513—526页。

《山间的古老冰川》（"Ancient Glaciers of the Sierra"）刊登于《加利福尼亚》（*Californian*）杂志，1880年12月，第2卷，第550—551页。

《探索冰川湾》（"Discovery of Glacier Bay"）刊登于《世纪》杂志，1895年6月，第50期，第234—247页。

《加利福尼亚的活动冰川》（"Living Glaciers of California"）刊登于《陆路月刊》，1872年12月，第9期，第547—549页。

《山脉研究》（"Studies in the Sierra"）系列文章，分别刊登于《陆路月刊》1874年第12期的第393—403、489—500页；第13期的第67—79、174—184、393—401、530—540页；第14期的第64—73页。（译者按：该系列7篇文章即本书《冰川如斧》收录的7篇。）

《山雕》（"Mountain Sculpture"）刊登于《美国科学杂志》（*American Journal of Science*），1874年，第7期，

第 515—516 页。

报纸上的文章

1871 年 12 月 5 日刊登在《纽约论坛报》（*New York Tribune*）上的《优胜美地的冰川》（"Yosemite Glaciers"）。

刊登在《旧金山公报》（*San Francisco Bulletin*）上的文章有：

《阿拉斯加的冰川：一份博物学家的手记》（"Notes of a Naturalist, Alaska Glaciers"），1879 年 9 月 23 日、27 日。

《苏姆达姆湾》（"Sum Dum Bay"，译者按：Sum Dum 为阿拉斯加的一处地名。），1880 年 8 月，10 月 7 日。

《阿拉斯加的优胜美地》（"An Alaska Yosemite"），1880 年 10 月 16 日。

《苏姆达姆湾的冰川与山峦》（"Among the Glaciers and Bergs of Sum Dum Bay"），1880 年 10 月 23 日。

《塔库的峡湾与冰川》（"Taku Fiords and Glaciers"，译者按：Taku 为阿拉斯加一处地名。），1880 年 11 月 13 日。

另外，还有威廉·弗雷德里克·巴德（William Frederic Badè）编写的《约翰·缪尔的生平与书信》（*The Life and Letters of John Muir*），1923 年至 1924 年出版了两卷本；以及林妮·马什·沃尔夫（Linnie Marsh Wolfe）1945 年出版的《荒野之子：约翰·缪尔的一生》（*Son of the Wilderness, A Life of John Muir*），书中详细描述了那场关于冰川的争论，充分展现了缪尔作为主角在其中的风采。

注释

1. 约翰·缪尔年少时在父亲的农场劳作，无论什么工作能都轻易胜任，他把斧子保养得很锋利，也懂得如何最有效地使用。他在很年轻的时候就展露出发明创造的才能，自制了木头钟表、气压计、温度计、倾斜床的装置（早晨叫起床用）、自动旋转桌（可以在规定时间段把指定的书放到面前）。在离开威斯康辛州的大学后，他去了一家工厂打工，其间发明的一种省力装置，也大获成功。他对地质学问题和植物学知识的了解相当深入，为此爱默生和阿加西教授都极力邀请他到哈佛讲课，然而他更醉心于大自然和户外探索。他在阿拉斯加和世界其他地方的探险经历，让他无愧于探险家的称号。他种植葡萄和其他水果也成绩斐然，连续十年净利润超过 10000 美元，挣够了一生的日用开支。可以说他经手的方方面面都获得了成功。不仅如此，他还无比热爱大自然赐予的福音，是一个出色的作家和引导者。很少有人能像他一样，用极其引人入胜的语言来描述自然，表达大自然的情绪。

林妮·马什·沃尔夫在1945年出版的《荒野之子：约翰·缪尔的一生》一书中，对他的生平轶事进行了很精彩的描述，想要了解的读者大可一读这本荣获普利策奖的传记。另外，威廉·弗雷德里克·巴德1923年出版的《约翰·缪尔的生平与书信》一书，约翰·缪尔1913年出版的自传《我的童年和青年时期的故事》（*Story of My Boyhood ang Youth*），以及1949年9月的《读者文摘》（*Reader's Digest*）也都值得一看。

2. 这部分内容在弗朗索瓦·马特斯所著《优胜美地山谷的地质史》中有详细的阐释和讨论，详见1930年的美国地质调查局专业论文第160号，第4—6、94—95页。另外，可以看威廉·弗雷德里·巴德1923年出版的《约翰·缪尔的生平与书信》，第九章："众人和难题"，第275—278、282—287、308—309、352—353、356—359页。同样，在《荒野之子》一书中的第130—135页和第186—187页也能找到相关内容。

1910 年，澳大利亚著名的地质学家 E. C. 安德鲁斯（E. C. Andrews）写了一篇题为《优胜美地之旅》（"An Excursion to the Yosemite"）的文章，发表在《新南威尔士杂志》（Roy. Soc. New South Wales Journal）第 44 期，第 262—315 页。在文章中，他强调了在冰川侵蚀过程中"冰蚀谷阶梯"尤为重要。后来，他在给我的一封信中谈到，于刚刚发表的《塞拉俱乐部公报》上，他首次读到了缪尔的《冰川如斧》，他认为："约翰·缪尔关于冰川作用的论述非常优秀。因为缪尔的存在，美国人才能在很多年前就清楚地解释了冰川作用……"

加州大学地质系的前主任，塞拉俱乐部的老会员安德鲁·罗森（Andrew C. Lawson）曾在一篇题为《优胜美地国家公园的地质情况》（"Geology of Yosemite National Park"）的文章中就此发表了自己的观点。这篇文章收录于 1921 年由安森·霍尔（Anson Hall）编写的《优胜美地国家公园手册》（Handbook of Yosemite National Park）的第 99—122 页。

3. 1871 年 12 月 5 日的《纽约论坛报》上刊登了约翰·缪尔的文章《优胜美地的冰川》。1872 年 12 月，《陆路月刊》上刊登了他的另一篇文章《加利福尼亚的活动冰川》，此后从 1874 年到 1875 年，缪尔在该刊物上陆续发表了题为《山脉研究》的 7 篇系列文章，生动而详细地阐述了他的理论。

4. 这本书供不应求，1930 年的头版很快就脱销了，后来在 1939 年 5 月和 1946 年 5 月重印了两次，现在也许仍能在华盛顿政府印刷办公室（Government Printing Office）的公共档案主管（Superintendent of Public Documents）那里买到，价格是 3.25 美元。

我手头有一本，里面还有作者的题字：

致塞拉俱乐部秘书威廉姆·科尔比先生，

这里是对优胜美地山谷再次勘查后的第一阶段成果报告，敬请惠存。

——弗朗索瓦·马特斯

为了感谢马特斯的出色工作，塞拉俱乐部

聘请他为名誉副主席。1948 年 6 月，马特斯刚刚从地质调查局退休不久就与世长辞，希望他遗留下来的关于山脉研究的工作以后能够有人继续完成并发表。

5. 约西亚·德怀特·惠特尼（1819—1896），美国著名地质学家，早年曾参与新罕布什尔州（New Hampshire）、威斯康辛州和伊利诺伊州（Illinois）的官方地质勘查，后成为加州地质调查局的首席地质学专家。在 1860 年至 1874 年间，他领导了加州的地质勘查，不仅编写了大量关于加州地质情况的书籍，1865 年由官方出版，还撰写了多本关于优胜美地的指南，陆续在 1869 年到 1874 年间出版。1865 年至 1896 年间，他担任哈佛大学地质学系的教授。惠特尼曾促成一项国会法案的通过，该法案于 1864 年 6 月 30 日将"内华达山脉中称为优胜美地的……裂缝或裂谷"划归加利福尼亚州，"裂缝或裂谷"这样的用词反映出他对优胜美地起源的认知。惠特尼在 1861 年 6 月 19 日写给他哥哥的信中称优胜美地山谷为

"上帝的伟业"。（参见布鲁斯特［Brewster］编著的《约西亚·德怀特·惠特尼的生平与书信》［Life and Letters, Josiah Dwight Whitney］，1909 年版，第 202 页。）

6. 出乎意料，像惠特尼这样的专家在面对山间冰川活动的证据时竟不为所动。可以肯定的是，他本人发现并注意到了这些证据。在 1863 年 7 月 10 日写给好友 G. J. 布鲁什（G. J. Brush）教授的信中，惠特尼描绘了从达纳山（Mount Dana）看到的风光和土伦草甸一带的美景：

> 我们所在的地方曾是一片巨大的冰川区域（惠特尼用了斜体），这些冰川规模惊人，覆盖整个土伦山谷，有 1000 英尺厚。它们刻下深邃的沟壑，也打磨出光滑的表面，最后在山谷中间、侧方和末端都留下了蔚为壮观的冰碛。数百平方英里的岩石表面闪烁着美丽的光亮，实在令人赞叹不已。（参见《约西亚·德怀特·惠特尼的生平与书信》，第 230—231 页。）

克拉伦斯·金是早期美国西部地质勘查的领军人物，

后来成为美国地质调查局局长。在当时的加州地质调查队伍中，金是对冰川活动最感兴趣的人。惠特尼主编的一批有关加州地质调查的出版物中，凡是涉及冰川活动的数据，大部分出自他之手。有些人错认为金是最早提出优胜美地"冰川论"起源的人，其实，若不是他太过相信惠特尼这些主流科学家们的观点，很有可能确实如此。可惜尽管他通过观察认为，远古冰川曾在山脉之间广泛分布，并说明了优胜美地山谷一度被大量冰川覆盖，但他并不赞同"冰川论"。他在《攀登内华达山脉》（"Mountaineering in the Sierra Nevada"）一文中完全接受了惠特尼的理论，由此可见一斑。

7. 约翰·缪尔著《山间夏日》（*My First Summer in the Sierra*），1911 年版。

8.《约翰·缪尔的生平与书信》，第 1 卷，第 293—295 页。

9. 同上书，第 300 页。

10. 同上书，第 303 页。

11. 同上书，第 307—308 页。

12. 同上书，第 314—315 页。

13. 同上书，第 354—356 页。

14. 同上书，第 360 页。

15. 参见《荒野之子》第 130—133 页。1892 年 12 月惠特尼教授被聘为塞拉俱乐部的荣誉会员。尽管那次会议约翰·缪尔没有出席，但毫无疑问事先已经征得了他的同意。如果我没有记错的话（正式的记录已毁于 1906 年的旧金山大火），1896 年惠特尼去世后，是缪尔建议由他的妹妹来接收塞拉俱乐部寄给他的刊物。

16. 1914 年在美国国家地理学会（National Geographic Society）的推动下，一份名为《阿拉斯加冰川研究》（*Alaskan Glacier Studies*）的报告问世，作者塔尔（Tarr）和马丁（Martin）在报告中申明，关于阿拉斯加冰川方面的研究，缪尔是真正的先驱（缪尔第一次阿拉斯加之旅在 1879 年）。这篇精彩纷呈的研究报告涉及了很多缪尔早先提出的观点和结论，并予以充分肯定，比如阿拉斯加的冰川有着巨大的侵蚀之力。详见报告的第 219、224、226、228—230、

341、357—358、367—368 页。

17. 详见弗朗索瓦·马特斯的《浅议优胜美地山谷》（"Little Studies in the Yosemite Valley"），刊登于《塞拉俱乐部公报》，9:15。

18. 我非常感谢布瓦达博士同意我使用这些数据，它们出自他的文章《优胜美地山谷基岩的形式和深度》（"Form and Depth of the Bedrock Trough of Yosemite Valley"），刊登于《优胜美地自然笔记》（*Yosemite Nature Notes*），第 20 期（1941 年 10 月），第 89—93 页。

布瓦达博士在 1949 年 8 月 10 日写道：

山谷中，我们用以确定深度的有 85 个点，其中很多点随后由另一个地球物理工作小组，采用不同的设备重新检测，最后对结果进行比照。

假如我们认可布瓦达博士的研究成果，那就意味着现在通过一种不同于以往的测量方法证实，优胜美地的冰川从基岩上刨去了将近 1 立方英里的花岗岩，从而形成了这个勺子状的湖盆。这些搬运工作很难归于流水的侵蚀，因为最开始被侵蚀的部分几乎都位于现存湖泊的上游地区，且地势要比这些湖泊的出水口边缘更低。这一发现肯定了冰川拥有巨大的挖掘搬运能力，证实了缪尔的主要结论，即如今大家看到的山谷形态在很大程度上是由冰川塑造出来的。地质学家们对冰川侵蚀和流水侵蚀所起作用的大小程度仍然会有争议，但从今往后，冰川侵蚀显然更占上风。

19. 详见弗朗索瓦·马特斯的《约翰·缪尔与优胜美地的冰川论》（"John Muir and the Glacial Theory of Yosemite"），刊登于《塞拉俱乐部公报》，23:2（1938年4月），第9—10页。

第一章

山雕

凛冬将至，漫长的冰期即将席卷大地，巍峨的群山好似茫茫波涛。这片山浪之中潜藏着数以千计的峰峦，许多穹顶与尖峰尚未可见，众多峡谷和湖盆仍在孕育。在旷世的创作过程中，建筑大师精心挑选了一种工具，既非地震和雷电，也非狂风和暴雨，而是那细碎轻柔的雪花，它们是太阳和大海的孩子，在一个又一个季节里，悄无声息地飘落大地。假如想回到冰期之前的原始状态，那么山脉间一条条深邃的沟壑都要被填满，所有的湖泊、草甸和盆地都要被覆盖，每一块矗立的岩石，无论多高耸的山峰，都须再次被埋没，因为一切都还没被冰川刨碎带走。仔细观察现状我们就会发现，未曾遭遇冰川的地区，其风貌相对简单；而像科恩河（Kern River）和太浩湖（Lake Tahoe）的上游高地，以及霍夫曼（Hoffmann）与默塞德的周围，则明显跌宕起伏。当然，这些雄伟的景象也可能是其他原因造就的。

　　放眼望去，几乎所有的冰川现象都能在这片山脉中找到，气势恢宏、不同凡响。巨大的冰川曾广泛地分布于此，冰盖下厚重的褶皱塑造了这里蔚为壮观的景色。如今，寒冬已近尾声，山谷两侧温暖如春，披上了茂密的森林，然而在一些高海拔的地方，在巍巍山巅，冰川依然随处可见。格陵兰岛和南极附近的大地正在经历冰川作用的全盛时期，所有辉煌灿烂的篇章还在冰封之中，就像曾经的这片山脉一样。雄伟的喜马拉雅山、阿尔卑斯山，还有挪威的那些高山，则已经冲开冰封，巨大的冰盖分裂成不同的冰川，像河流一样沿山谷而下。想来过去此地也是如此，各处的峡谷和山沟都是一条单独的冰川通道，只是这些冰川在近期逐渐消退了。如若我们循着冰川消失的足迹来到高山之巅，寻访一些背阴的地方，还能看到它们徘徊的身影。它们正默默进行着最后的工作，完成山顶的雕琢。

　　各地的冰川在演进过程中，有着类似的经历，随时间的推移，从一个阶段过渡到另一个阶段。当一次大的冰期循环临近尾声时，冰盖从外围的底部开始融解收缩，那些穹顶和尖峰像小岛一样，自洁白的表面升起，接着狭长的山脊显露出来，被分割开的冰川在山脊之间缓缓蠕动。冰川之势越来越虚弱，耐寒的苔藓和松树们沿着每一寸冰碛，奔向阳光温暖的斜坡，一步步追赶着逐渐消融的冰川。而冰川，恰如盛夏的云朵，慢慢淡出这片阳光明媚生机勃勃的画卷。

当厚达几百甚至几千英尺的冰盖从山脉的侧面重重滑落时，由于接触的岩石具有不同的硬度和密度，其表面会产生不均匀的磨损，这一点很好理解，但不止于此。冰川不仅会像打磨工具那样，以滑落的方式来琢磨和抛光岩石表面，也会令岩石破碎开裂，并随之带走大量碎片。不论是泥土、沙子，还是碎砾、岩块，直径小到几英寸，大到四五十英尺，各种碎片都会随冰川而走。

据我们目前的观察来看，整个山脉是由类似砖块的部分组成的，每个部分的形式和大小取决于其间劈理面的发育程度。这些劈理令每个部分各具特点，让它们既相互分离、互不干涉，又能拼接成作为整体的山脉。维系各部分的力量并非处处相等，因此当它们遭受冰川压力时，会以不规则、不确定的方式撕裂，从而产生丰富多样的岩石形态。

由于贯穿其中的长石成分被溶解，某些区域的花岗岩早已支离破碎，但大部分的花岗岩自冰期结束以来几乎没有开裂崩坏。这些坚硬的区域中存在三个系列的劈理，或者可以称之为分离面，其中两个系列是接近垂直的，而另一个是平行的。假如这些劈理完全发育，将把岩石分割成几乎规则的平行六面体。我们理应重视这种可分割岩石的结构，因为它们将严重影响到冰川的侵蚀作用。为了更清楚地了解山脉是如何被分开的，首先要知道它们是怎样组合在一起的。如今事实已经摆在面前，山脉并非没有自身结构，并非只是地壳的巨大褶皱，而是像艺术品一样，由一些形式规则的石块组合而成。从这个意义上说，我们对山脉的研究迈进了一大步，甚至可以将《圣经》中那句"他建造了山"不仅仅理解为比喻，更视为一种接近事实的描述。（译者按：圣经语"He hath builded the mountains"。）

为了充分了解在分割山脉、形成山谷、塑造岩石等种种地质过程中，这些劈理有着怎样的价值，我们必须探明其大致范围，掌握其变化规律，知道其在发育过程中受哪些因素左右。比方说，它们在一些地方受到抑制会如何，在另一些地方发育完好又会如何；再比如，几个不同系列的劈理相互之间发育不平衡会怎样。显然，位于山脉西侧的中部地区是最适合进行这些考察的，因为它下面的地区被土壤大面积覆盖，而上面的地区由陡峭的尖峰构成，破碎得太过严重，或者说所有的劈理面都发育得太过充分，以至于我们很难将其区分开来进行单独研究。相对来说，中部地区的劈理规模大且辨识度高，它们不易被森林覆盖，也没有过多的表面风化，考察难度低，且容易深入。

优胜美地山谷的中部地区就符合这样的条件，除此之外，在一些平坦的洼地也有广阔的裸露部分，例如优胜美地河域，特纳亚湖和土伦山谷上部等。在这些地方，被冰川琢磨、抛光过的花岗岩广泛分布着，像一张崭新的地图般清晰呈现。

岩石中的断面有很多种，上面提到的三个系列的劈理并非全部，但是我首先要强调它们，因为它们的发育最为显著，在影响山谷和岩石的形态方面作用最大，是它们令这些山脉多姿多彩，闻名遐迩。研究这些断面的走向和范围时发现，其至少广泛分布于纬度36°至40°间的山脉西侧，上到巍巍山顶，下达土层覆盖的山脚。进一步的深入观察显示，很可能在一定长宽的带状范围内，这些断面是普遍共存的。我们从两个垂直系列的断面中挑选了数百个样本，对它们的走向进行追踪，其中很多都沿着一个统一的方向绵延数千英里，一系和山脉的轴线几乎垂直，另一系和轴线接近平行，前者发育得更好一些。山谷的剖面显示，这些断面悄悄地将花岗岩垂直劈开，深达5000英尺。水平系列的断面同样广泛分布，在某些区域，断面彼此间的距离仅有几英寸，而在另一些地方，范围超过半英里的裸露岩石中只能看到一条明显的缝隙。另外，许多穹顶看起来并没有这些断面，它们结构匀称，仿佛一个完整的铅球。

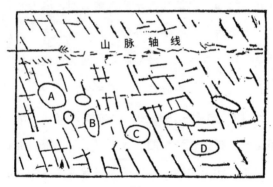

图 1-1

图 1-1 是某地区的一个水平剖面，其中 A、B、C、D 四处是穹顶或尖顶的截面，从图中来看，这四个区域内没有劈理断面。那么，这些穹顶的部分，究

竟是完全没有劈理呢，还是和周围的岩石一样也有劈理，只不过它们处于潜在或未发育状态呢？仔细观察发现，后一个假设是正确的。在古老的穹顶上，那些温暖而湿润的表面浮现出断面的初始状态，它们和周围的断面相平行。总的来说，这些结构上相同的岩石，只要经由瀑布冲刷，其劈理就会呈现。因此，我们可以得出如下结论：无论多么匀称，多么坚硬的区域，都隐藏着一些断面，沿一定的方向延伸，当条件成熟时，这些断面就会令其开裂。

图1-2

图 1-2 显示了位于优胜美地瀑布上方的某个穹顶的侧面，在其底部有很多平行六面体状的石块。这些块状结构发育得如此充分，可能得益于瀑布飞溅的水滴，它们被大风刮来落于此处。拜这样的小气候所赐，底部岩石的块状结构鲜明多姿，这种如画的风景在高山之巅随处可见。这些巨大的岩石，原本只有一个垂直系列的断面发育得特别好，别的部分结构坚硬，冰川之力刚好施加在有利于其断裂的方向，令许多岩块呈片状剥落，仿佛画着雄伟壁画的峭壁就此诞生，成为优胜美地山间的绝景之一。

图 1-3

图 1-3 显示的是霍夫曼山顶的石塔，由众多石块接合而成。

图 1-4

图 1-5

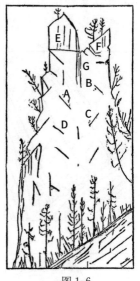

图 1-6

　　一些金字塔状和屋顶状的结构，可以考虑是由斜向的断面造成的。这些斜向劈理在部分山顶的变质板岩区域发育得很充分，成就了那些著名的尖峰。另外，在优胜美地和土伦峡谷有很多巨大的三角岩，也是斜向劈理的杰作，例如三兄弟岩（Three Brothers）和毗邻皇家拱门（Royal Arches）的那些尖岩。图 1-4

是优胜美地三兄弟岩中最高的一个，清楚展示了花岗岩中的斜向劈理。图1-5是土伦峡谷南侧山墙上的三角岩。

从图1-6（该岩石位于酋长岩和三兄弟岩之间的小峡谷）中的岩石来看，里面同时包含了斜向劈理和矩形劈理。在 A、B、C、D 处，处在发育早期的斜向断面刚刚从坚硬的表面显露出来，而另一类断面则从 G 这个位置开始，将岩石顶部分成 E 和 F 两个部分。

穹顶、锥形堆、波浪形山脊，以及它们的变化形式和种类繁多的组合，统统可以归作一类。现存的这类带曲面的岩石结构数量庞大，形状大小各异。逐一考察它们弯曲的断面，了解曾作用其上的定向和不定向的力，是最为繁重的工作。在此，不妨将导致这些曲面的弧形劈理称为"穹顶劈理"，因为在这类形式中，穹顶是最为典型的代表。

由细粒花岗岩构成的穹顶，最能承受各种气候带来的影响，也最能抵抗各种机械力的作用。它们比任何别的岩石都要结实，可以最大限度耐受冰川的压力。在优胜美地山谷的起点附近，从斯塔尔国王山（Mount Starr King）到北穹顶之间，众多雄伟的穹顶组成了一条大坝，这里显然因遭到霍夫曼冰川和特纳亚冰川的联手攻击而一片狼藉，但是从斯塔尔国王山和半穹顶之间进入山谷的南莱尔大冰川（Great South Lyell Glacier）却因此受阻。随着气温转暖，漫长的冰期临近尾声，南莱尔冰川始终迷失在这些负隅顽抗的斗士之间，而呼啸的风正沿着它的足迹一遍遍吹过。

图1-7

图 1-7 中的斯塔尔国王穹顶群也许是默塞德盆地最有趣的景象。在这群穹顶之中，最雄伟、最美丽的当属斯塔尔国王了。它是第一个从漫漫冰川之海中脱颖而

出的，在新生的熠熠光辉被暴风雨摧残褪去之前，它犹如一座水晶之岛矗立于茫茫雪原，光彩照人。盘踞在它底部的冰碛之间，均匀地生长着石兰科的常绿灌木。

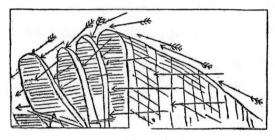

图1-8

考虑到山脉间那些各式各样的花岗岩穹顶，我们很难就穹顶一词涵盖的范围给出准确界定。许多穹顶方初具雏形，未能充分发育，很难进行深入的考察。山脉的西侧曾经覆盖着板岩，其中部和上部的那些显然都被冰川剥开并带走了，只有在霍夫曼和默塞德的山巅处还有些许小块残留。从板岩向下2000英尺或3000英尺深，基本就都是穹顶结构的岩石了。我们沿着优胜美地山谷附近区域向南或向北去时，会发现那些穹顶的形状都不够完整。究其原因，是曾经有大面积的冰川从这个区域流过，许多结构不牢固的岩石都被侵蚀、带走了，而穹顶结构极其牢固，所以留了下来。然而当穹顶逐渐凸显，比四周高出一段距离之后，除非其中的劈理断面完全没有显露，否则它们就可能像图1-8所示那样开裂坍塌，表现出不同程度的残缺。当然，也有些岩石中间完全没有劈理，它们最能承受冰川的重力和推力，大部分如图1-9所示，其横截面如图1-10。尽管大自然喜欢做出五花八门的作品来，但像这种完全不显露劈理、各部位坚硬程度一致的例子还是很罕见，不至于让我们面对的问题太过复杂。

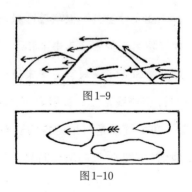

图1-9

图1-10

我们已经讨论了穹顶中存在的垂直劈理和水平劈理，接下来要探究的是穹顶之间相互切割的作用。

图 1-11 中的截面取自特纳亚峡谷，描绘的是镜湖（Mirror Lake）上方约 4 英里的某处，它在一段特别幽深崎岖的小裂谷尽头。图中用"II"标记的部分是构成一个穹顶的同心岩层，其边缘已经破碎，该穹顶位于裂谷的岩壁上，在它上方还有另外一个穹顶。显而易见，一个有着多层同心岩壳的穹顶正被另一个同样结构的穹顶切割，形成穹顶之中有穹顶、穹顶之上有穹顶的景象。

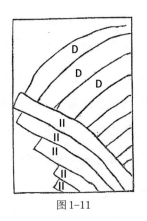

图 1-11

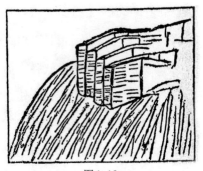

图 1-12

图 1-12 中的一系列砖块状岩石高约 30 英尺至 40 英尺，矗立在一个穹顶光滑的曲面上，而这个穹顶本身又立于另一个更大的穹顶之上，这样的光景就出现在酋长岩东侧靠近顶部的地方。

从霍夫曼山顶俯瞰整个土伦地区的中部，经由冰川之手诞生的岩石们，形成了一幅壮丽无比的画卷，曾几何时这些都淹没于辽阔的土伦大冰海之中。土伦峡谷的出口穿过北纬 35° 东侧那些垂直的劈理断面，发育充分的劈理造就了图 1-8 中那样的岩石群落，数量惊人。开裂的部分和断面不断抵抗着冰流的冲击，逐渐倒向下游方向，留下残缺的姿态。

　　冰川过境，各种庄严宏伟之要素糅合到一起，塑造了这番无与伦比的美景。挺拔的山峰好似彰显冰川伟力的纪念碑，向着蔚蓝的天空矗立。棕色的土伦草甸像地板一样朝前铺开，两侧的松树郁郁葱葱，一路延伸到草甸边缘，环抱着整个区域，树干之间的空地上，花草格外繁茂。这里曾是冰的海洋，如今平坦的底部最初耸立着高山，在漫长的冰封冬季，它们如遗落道边的石块，不断被冰川冲走。冰之洪流经过穹顶区域时，用高雅而优美的线条在岩石上书写了自己的历史，留下丰富多彩的石之篇章。

　　冰川塑造的景观比任何一张地图都更加清晰地彰显了冰川的特性。它们的干流和众多支流，它们的大小和流向，任何一次轻微的波动，从出现到消亡的历史，点点滴滴都明白地镌刻在流经之地，无论高山还是岩石，无论山谷还是草甸。这些废弃已久的冰川通路标识得如此准确无误，没有一条靠浮标和灯塔引导的海上商路能与之相论，也没有一条用栏杆和路牌标定的陆地公路可与之比肩。

纵观全局，仔细打量山脉那宽广的侧身，让目光慢慢掠过条条山沟，拂过一个个湖盆，扫过起伏的山脊与穹顶，很快就能察觉到，如今的地表早已不是当年迎接冰期第一场冬雪时的样子了，因为遍寻山脉辽阔的侧面，除了在涌现冰川的冰泉之上，参差的山尖处还有零星例外，其他地方竟找不到一丁点儿结构脆弱的岩石。山脉表面的起伏和凹凸是坚固的穹顶、硬朗的山脊和不屈的峰峦，其间是如路面般平整的通道和仿佛被两面实心墙牢牢夹住的峡谷，那些脆弱的部分早已被冰川揉碎并带走，荡然无存。有些地方看似例外，但在仔细考察之后就被排除了。一路向上，即使来到山尖附近的冰泉处，也完全找不到一点儿哪怕只是形式上的例外。唯有当我们顺着冰川的路径一直向下，到达那些长时间裸露并开始退化的石块中间时，才能找到些虽然形式上很牢固，但结构已经变脆弱的岩石。

关于岩石的强弱分布有一个规律，离开山尖越远的岩石越脆弱，那是冰川侵蚀过后，其他各种各样的作用力导致的结果。在分析其变脆弱的原因时，最容易联想到的就是暴露在大气中，于适当的温度和湿度下缓慢分解。某些种类的花岗岩，因其中的长石成分分解而迅速破裂。当长石部分的纹理分解，其他部分仍然坚固，岩石就会分崩离析为一堆碎块。另外，潮湿加上霜冻，也会让岩石产生磨损、破碎的现象。但就目前为止的观察来看，这些承受了古老冰川惊人的破坏力后依然坚挺的岩石，之所以会变得脆弱不堪，罪魁祸首是不断发育完善的一种或多种劈理断面。

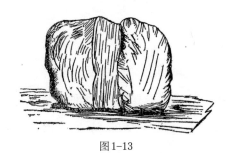

图1-13

例如，图 1-13 中是一块坚硬的巨石，成分是变质板岩。在漫长的冰期中，它一次次承受着各种挤压和撞击，削去棱角、抚平皱褶，最终迎来冰川的消退，静静伫立在一片光滑而坚硬的石面上，假如没有冰川，它本无法来到这个地方。现如今，因为一个劈理断面的发育成熟，它在自身的重力下裂为两半，犹如一粒种子般破壳，展开，脱落。

图 1-14

图 1-14 是一块岩石的侧视图，该岩石距离优胜美地瀑布顶部约 200 码，如今它已脆弱不堪，随时都会沿着北偏东 35 度的垂直劈理断面而崩解，从正面的边缘处已见端倪。可以肯定的是，它曾身处流经优胜美

地的冰川之中，并随之来到了山谷中冰川干流的位置。

图 1-15

　　图 1-15 是一个残破的穹顶顶部，位于优胜美地河流域一处洼地和瀑流的分界线附近。这块岩石被过度冲刷，但在坚硬的底部还是留下了冰川作用的明显痕迹，对初学者来说也许有些困难，但受过一定专业训练的研究者一眼就能从这支离破碎的表面发现，该岩石的长轴方向是冰流曾经冲刷的方向，如图中箭头所示。在古代冰川经过的通路上，数百英尺甚至数千英尺高的岩石比比皆是，它们就像插图中所示那样受到了不同程度的腐蚀，其中腐蚀最严重的往往是裸露时间最久的，在各种因素作用下崩裂和风化。冰川在山体上精心雕琢、刻画、打磨，最终完成了绝世之作，

然而它和其他任何作品一样，一旦长期裸露在外不受保护，就会渐渐褪色模糊。因此，如今山脉间展示给我们的这幅雕塑作品，既是经由冰川之手雕琢而成的，也受到了岩石中各种劈理和同心层发育的影响。一个设计大师利用石头来创造作品时，可以完全不顾及石头内在的物理特性，然而在山脉间这幅无与伦比的创作中，无处不展现着岩石最天然的特征。

当我们漫步在山间峡谷的曼妙大道上，看到一座庄严的拱门横跨松林，就知道那是冰川冲破的穹顶；出现一块三角岩墙，就明白那是从顶部向两侧发育的斜向劈理和前方一道垂直劈理断面共同作用的结果；如有一座平地拔起几千英尺的陡峭崖壁，直入云霄，那么构成它的岩石一定非常坚硬，并且在一个垂直的劈理断面发育后裂开；假使遇到穹顶和锥形结构的岩石层出不穷，就表明这个区域同心层的结构比较多。无论冰川的力量多么雄伟巨大，都无法将没有垂直劈理的岩石劈成陡崖峭壁，或是将内部没有穹顶结构的岩石打磨成穹顶。因此，当我们宣称冰盖或者冰川塑造了山脉的形态时，一定不要忘记冰川之力在雕凿物理结构稳固的坚硬花岗岩时是力不从心的。这些坚固的花岗岩，其造型大多并不来自冰川的直接作用，而是自身内部结构的显现。越是坚硬的岩石，内部特定的几道劈理就会发育得越好，其最终模样也就越受自身结构影响，相对的，冰川作用就不那么明显；反之，越是柔软的岩石，内部的劈理发育得越均匀，它们就难以抵抗冰川的作用，其样貌几乎完全出自冰川之手。一般情况下，岩石的纹理大致决定了它如今的样子，然而若是雕刻岩石的工具足够锋利，那么便可以不理会其纹理是直，是曲，还是复杂缠绕，因为在这种情况下，纹理根本无法阻挡凿刻之力。木匠们清楚，只有钝的工具才能沿着木纹行进。而冰川，正是这样一种钝器，以磅礴之力掠过撕裂的峭壁和鼓起的穹顶，柔韧如风，又坚硬似铁。尽管如此，冰川之伟力再强大无比，终究只是为这崇山峻岭揭开面纱，展露其原本的美貌，而这份深藏的美丽，韬光待时，早已准备好迎接光的洗礼。

第二章

优胜美地山谷的起源

坐落于北纬 36° 到 39° 间的这些山脉西侧，遍布着大大小小的山谷峡涧，它们可以自然地归为两大类，每一大类又能细分为两个小的类型。一个大类的峡谷基本由板岩构成，另一个大类的则由花岗岩构成。后者在地域上分布更为广泛，其景观简约而不失壮丽，对我们的研究来说更加重要。这两大类中的所有峡谷都属于侵蚀峡谷，其主要风貌特征如下所述：

板岩山谷

类型 1：山谷横截面呈 V 型或底部稍带圆弧，两侧岩体结构很不整齐，由于特殊的板岩劈理和节理的发育，岩体破碎磨损严重，没有单面平滑的垂直崖壁。谷底的基岩裸露或被碎石覆盖，沿着山谷的方向倾斜。绝大部分山脚附近的山谷都属于这一类型，形成较早的那些往往覆有土层，但很少出现草甸和湖泊。

类型 2：同类型 1 相比，或多或少要宽阔些，在山谷起始的地方会有分叉。谷底可能有草甸、树林、小湖，有时全有，有时只有其中的一种或两种。截面和岩体内部结构与类型 1 相似。位于圣华金河谷源头处的山谷是这一类型最标准的样本。

花岗岩山谷

类型 1：山谷横截面呈 V 型，或窄或宽。两侧岩壁连续，几乎没有侧伸出去的小峡谷。山谷整体风貌雄伟，结构简单，多见单面平整的陡峭崖壁。谷底沿山谷方向倾斜，岩石基本裸露，有些地方覆盖有零散的冰川或者掉落的积雪，看不到草甸和树丛。

类型 2：在山谷的起始处分叉，靠近谷底的岩壁破碎严重，并有一定的倾角。谷底分布着草甸、树丛和湖泊。两侧岩壁通常高耸，多有侧伸出去的小峡谷。久负盛名的优胜美地山谷就是这一类型中最典型的例子，接下来我们将谈到它的起源问题。

在往后的叙述中，出于方便，我们将把"优胜美地"一词当作一个地理学上的术语来使用。

优胜美地山谷坐落于默塞德流域的干流上，地处中心地带，东西长约7英里，谷底平均宽度0.5英里多，谷顶宽1.5英里。山谷底部的平均海拔大约在4000英尺，两侧岩墙高约3000英尺，由一系列峻朗的岩石构成，形式变化多样，岩墙多处被侧伸出去的小峡谷断开。巨幅的岩墙并非一平如砥，仿佛是由众多绚丽的浮雕画拼接而成，有些地方边缘峻峭的棱角探到山谷上空，有些地方则将锋芒掩藏不露。其中较少的一部分岩壁是垂直的，大多呈倾斜状，倾角基本在20度到70度之间。谷底的草甸和沙地遍布着茂密的苔藓和蕨类，其间点缀着些许灌木丛，如杜鹃、柳木、蔷薇之类。岩墙底部比较温暖的地方，生长着高傲的松树和橡树，从岩墙侧伸出去的小峡谷曲折幽深，里面开满了特有的高山野花。欢乐的溪流从高处跌落，汩汩而下，沿着各自的路径最终汇入大河。而默塞德河则迈着优雅的步子，顺山谷缓缓而降，蜿蜒流过一处处花园和小树林，滋养着生命万物，纯洁耀眼得如同源头处的冰雪一般。这就是优胜美地，群山间最耀眼的一颗明珠，无处不体现着神圣与和谐，本应是"一件杰出的创作"，却鲜有人去这么理解，甚至还被世人贬为暴力和不可思议之力摧残破坏的产物。支持这种愚见的论据大致如下：它作为一个流水侵蚀的山谷显然太宽，而作为一个开裂山谷又太不规则，因岩石的突起过多，山谷覆盖范围也偏小，所以也很难被当作山脉隆起过程中由地表褶皱形成的原生山谷。最后，只能认为是山脉底部突然陷落，导致那些穹顶和尖峰纷纷落入深渊，就像煤炭落入运输船的煤仓那样。这种诉诸暴力的假说，仿佛设定了有一个灼热地狱在迎接山的崩塌，尽管表面上看起来似乎解释了山谷岩壁上那些引人注目的峭壁和突起，受到众人的青睐，但实际上却是用一种讳莫言深的神秘来回避对真正原因的调查和探究。目前，我们无法观察到整个基岩是否有大的开裂，这种地陷的假说貌似还能苟延残喘，一层湖底的砾石和一层草甸是它最后的遮羞布。然而，比照优胜美地山谷中那些基岩裸露的地方可以发现，两侧的岩壁和底部紧密接合，没有任何开裂，因此这层遮羞布在某种意义上其实也已经被揭开。在山谷的起始处和末端，我们都观察到了完整、牢固的基岩，显然，如果非要承认这种地陷的假说，那么只能设定陷落的范围恰好就是这个山谷的范围。

假使山脉只有某一区域陷落，而其他部分不受影响的话，必然可以看到一条清晰的界线，然而并没有。与之相反，沿着河流和峡谷的岩墙延绵不断，并渐变地融入周围，这一点很适合用岩石结构的变化或冰川作用力的持续衰减来进行解释。优胜美地山谷两侧岩墙底部的碎石数量很少，这一点看似对地陷说有利，因为如果一个山谷非常古老，两侧岩壁会有大量碎片在风化中掉落，而假想的"深渊"刚好可以容纳这些碎石。但是，优胜美地山谷还很年轻，并没有多少碎石会从岩墙掉落，根本不需要这样一个假想的深渊来收容它们。

倘若优胜美地山谷真有这样一个深渊来收容碎石，那么可想而知那些没有深渊的山谷理应被大量碎石填埋，但恰恰相反，我们在类似情形的山谷中都没有找到大量碎石。更进一步说，那些和优胜美地同样深邃而陡峭的山谷几乎都没有堆积物，有的只是坚固的岩墙和底面，以及上面被冰打磨光亮的痕迹。在土伦河与国王河流域的山谷中，这样的例子比比皆是。

优胜美地的花岗岩岩墙在某些地方贯穿着长石结构的纹理，就像三兄弟岩和大教堂尖顶（Cathedral Spires）的底层那样，年复一年，在大气的作用下，确有大量的岩石松动掉落，带着足以撼动山谷的能量坠入谷底。然而这些因风化作用而掉落的碎石总量，远远不够填满任何一个深渊，仅能在地表形成一些如今能看到的小碎石堆。几处较大的石堆和碎石斜坡是三四百年前数次大地震中形成的，这一点根据它们的样子和上面生长的树木就能推算出来。通过细心观察可以发现，凡是出现碎石堆的地方，附近的岩墙都有规模相近的破损处，而没有碎石堆的地方，岩墙上仅能看到一些纹路和松动，这一现象说明此地的岩墙还非常年轻，自冰期结束后重见光明不久，尚没有太多变化。1872年3月23日，我有幸在优胜美地的鹰岩（Eagle Rock）附近目睹了一个新碎石堆的出现，当时刚好是因约县地震（Inyo earthquake）的第一次震动。通过这次观测，碎石堆的特征及其和岩墙破碎的同时性都得到了充分证实。在这场发生时间最近的地震中，周边山谷新增了不少碎石堆，对比那些年代久远的较大的碎石堆，其各方面特征几乎一致。

有一个很重要的问题值得在此讨论，究竟流水对这个地区的山谷有多大影响呢？根据目前对优胜美地的观察，有五条大的溪流日夜奔腾，然而它们对花岗岩区域的侵蚀微乎其微。默塞德上游河谷的大部分地区，自冰期结束以来就一直受到河流冲刷，尽管水大流湍，但侵蚀的深度总共未超过 3 英尺。从留在冰川上的印记来看，这条年轻的河流历年到达的最高水位也就比如今高 7 英尺到 8 英尺。可以肯定，在过去的岁月里，流经峡谷的总水量要远大于现在，毕竟冰川的大量融化提供了充足而稳定的水源。但毋庸置疑的证据显示，此处山脉间中上游地区的河流水位，从未比当下高出多少。

深 500 英尺到 1500 英尺不等的五条大冰川，沿着各自的路径倾泻入谷，在优胜美地汇聚成一股巨大的干流，顺着山谷掠过。冰川以难以抗拒的伟力碾碎山谷中最坚硬的岩石，将之带走，并遗落在远近不同的各个冰碛。许多人承认在优胜美地的诞生过程中，冰川发挥了重要作用，但同时他们也认为，需要有一个地震或是地壳冷缩剧变产生的裂缝在先，冰川才能开始作用。在第一章"山雕"中，我们已经详细讨论过，该地区的花岗岩中有大量潜在的或是已经发育的劈理断面和节理，它们左右了冰川的侵蚀作用。我在山间整整观察了五年，许多地方经过冰川清扫，若有裂缝存在很容易发现，然而我却没能找到任何一条单独的裂缝。岩墙上深深的沟槽倒是很常见，类似锯痕或榫眼那样。这些缝隙存在于坚硬的花岗岩中间，都是由于岩石中比较脆弱的部分分解而形成的，一般也就几英寸到几英尺宽。在优胜美地南侧的岩墙上就有一道这样的裂缝，位于三兄弟岩对面，经常被人拿来推测山谷的起源。

地震对山谷最大的影响就在于碎石崩落，形成石堆，落下的通常是那些突出的尖角，就像瓜熟蒂落一般。翻阅优胜美地的历史，最大的困难并不在于它的复杂或晦涩，单纯是因为书写的文字太巨大了。这些60英里到70英里长的字母镌刻在山脉一侧，每个字母脚踩着山底，头顶着山巅的冰川，中间还时常被森林和灌木遮挡，或是被一些小山包和小山沟打断。想要看懂这些文字，就要有足够的阅读热情，翻山越岭若干年。因此，山脉间这些壮丽的峡谷虽然看似简单，想理解它们却定要花上好多年时间来艰苦钻研。上千个模糊的碎片都要仔细揣摩，像拼接断骨一样，将它们那些活生生的边缘相连，权衡各种现象，最终达成一幅完整的图景，提出合情合理，足以让人信服的解释。假如有一个人可以高瞻远瞩，悠然眺望优胜美地的全景，相较于那些只能从底部观察到各个部分的人来说，他一定更能体会到这种自然的组合。令人叹为观止的穹顶和石垛巧妙地交融在一起，遵循着某种微妙的规则之美，人的思想随之冲破禁锢，放飞其间，逐渐升华，直到能理解这样一种统一与和谐。

尽管大自然拥有无比丰富的创造能力，但她从不捏造不合理的事物，无论高山还是峡谷。因此，当我们遍历群山峻岭，会毫不惊讶地发现有众多优胜美地式的山谷，它们规模各不相同，基本特征却近乎一致：

一样的陡崖峭壁，一样的平坦草甸，一样的壮丽瀑布。森林树木的分布遵循着一定的规律，这些山谷的坐落同样也有自身的法则。通常它们只会出现在整个山系的中部地区，那里斜坡较大，且花岗岩的内部结构是优胜美地式的，所在区域又都有古代冰川出没的痕迹。在完全参透这些关联后，因果链自然也就建立起来了。群山之中有大量的冰泉，古老的冰川曾在此孕育而生，它们和优胜美地式山谷之间有着显而易见的紧密联系，哪怕是一个缺乏经验的新手，也能轻而易举地通过对冰泉的观察来推知下方优胜美地式山谷的位置和规模，或是从任一此类山谷的特征来反推上方冰泉的位置和大小。所有大大小小的优胜美地们，都出现在两个或多个冰川峡谷的交汇处，也就是古老的冰川们相会的地方，比如默塞德地区、赫奇赫奇地区，还有土伦上游、国王河域、圣华金河域等。如果我们从默塞德冰川的源头莱尔冰川群开始，沿冰川峡谷而下，会发现有个地方与四周情形不同，突然拓宽加深，似乎在没有冰川峡谷交汇的情况下出现了一个优胜美地，我们貌似要被迫用无法解释的奇迹来圆场。然而，进一步观察就会发现，在优胜美地区域的任何一条冰川通路上，这样小型的类优胜美地会断续出现，于是默塞德冰川峡谷某处突然的拓宽、加深也就不那么突兀了。另外，在优胜美地区域，我们发现不管是支流峡谷汇入干流，还是在最深的腹地处多峡谷相交汇，各种冰川峡谷的合流现象很多，类似图 2-1 所示。

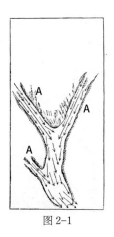

图 2-1

图 2-1：土伦优胜美地（A 表示不同的冰川）。

进一步的研究表明，这些优胜美地式山谷的横截面面积约等于其支流峡谷横截面的面积之和，类似树干的横截面面积约等于其树杈的横截面面积之和。此外，那些汇入其中的支流峡谷的规模、方向和坡度（受其自身岩石结构的影响），直接影响了优胜美地式山谷的发展趋势。以上提到的这些峡谷，曾经都是冰川的通路，可见这些优胜美地们和冰川之间是密不可分的。总之，这些山谷并不是局部现象，更不是在不可言说的荒唐之力下诞生的，它们是自然创造的伟大雕塑作品，掌握了规律，我们甚至可以准确地预料其出现地点。

优胜美地的深度

关于优胜美地的深度，还有许多数学计算工作没有完成，但这一点并不影响对其起源的基本判断。最大的默塞德优胜美地约 3000 英尺深，土伦地区的优胜美地深 2000 英尺，剩下有些只有 1000 英尺深。仅仅因为它们的深度不同，很多地质学家竟然就无法判断这些优胜美地的起源，在我看来实在太过迂腐。可以做一个简单的类比，一棵松树生长在贫瘠的土地上，屡遭强风侵袭，因此瘦弱蜷曲，只有 100 英尺高；而另一棵松树因为生存环境优越，长得高大挺拔，有 200 英尺高。同样道理，一个优胜美地有 3000 英尺深，是因为侵蚀的冰河数量多，且岩石结构易于向深度发展，而另一优胜美地只有其一半深度，是因为岩石结构更加坚固，或者遭受的冰川作用力较小。如果一个植物学家在描述巨杉时不观全局，只盯着树干的某个部分，并且以太大为理由而拒绝承认它是树，这不是非常可笑吗？在优胜美地就有一棵常绿橡树，长得比该地区其他橡树要大一倍，它的树干棱角分明，就像所在的山谷一样崎岖，斑驳的表皮仿佛山谷里那些花岗石的突起。当我们离它太近时，很难把这个树干看成是树的一部分，只有将与之相连的树权、树叶和果实全部收入眼底，才能看出这是一棵橡树。而蜿蜒崎岖的默塞德仿佛就是一棵由峡谷构成的大树，如果只着眼于那乱石嶙峋的优胜美地，难免一叶障目，还得把目光放到那些四处延伸的分支，以及那些如绿叶般的草甸和如果实般的湖泊上。

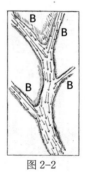

图 2-2

图 2-2: 国王河优胜美地（B 表示不同的冰川）。

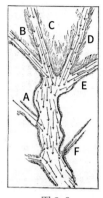

图 2-3

图 2-3：默塞德优胜美地（A：优胜美地溪谷冰川，B：霍夫曼冰川，C：特纳亚冰川，D：南莱尔冰川，E：伊利路特 [Illilouette] 冰川，F：波霍诺 [Pohono] 冰川）。

　　这里我们给出了三个优胜美地式山谷的平面图，并标出了山谷中主要冰川的位置，以及它们的流向和范围。图 2-1、图 2-2 和图 2-3 中的箭头，指示了侵蚀这三个优胜美地的主要冰川，包括它们的位置和移动方向。根据冰川的数量，我们可以把土伦优胜美地叫作三川优胜美地，把国王河优胜美地叫作四川优胜美地，而把默塞德优胜美地叫作五川优胜美地。（译者按：从图上看应是六川优胜美地，但原文为五川，波霍诺冰川影响太小，未被作者算入其中。从第三章开头第二段的内容可以看出这一点。）这三个优胜美地中的花岗岩性质类似，因此导致其宽度、深度和坡度差异的主要因素，几乎就是各自的冰川系统在数量、规模、坡度和组合方式上的不同。三者的平面图显然很类似，横截面图也几乎相同。图 2-4、图 2-5 和图 2-6 是同比绘制的截面图，分别呈现了三者最典型的横截面。

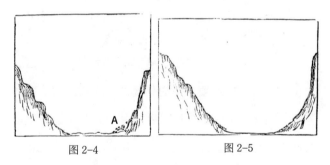

图 2-4   图 2-5

图 2-4: 赫奇赫奇山谷或称下土伦优胜美地的横截面
图 2-5: 国王河优胜美地的横截面

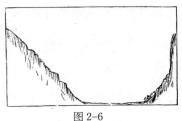

图 2-6

图 2-6: 默塞德优胜美地的横截面

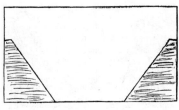

图 2-7

图 2-7: 默塞德优胜美地理想模型横截面

优胜美地式山谷两侧岩墙的倾角一度被人们高估。我们在默塞德优胜美地的岩墙上每隔100码进行取点，用倾角仪仔细测量汇算后发现，其和地平线夹角的平均值不超过50度，如图2-7所示。无论怎样上下震荡或是侧向受力，山谷都不可能通过陷落成为这个样子。

以上展示了可以统称为"优胜美地"的一类山谷，

它们有着不尽相同的平面图和横截面，接下来让我们着眼于这些山谷中独特的岩石形态。美丽的圣华金穹顶位于圣华金峡谷内，靠近南边岔口的汇合处，图2-8是从南面看过去的侧视图。图2-9是特纳亚峡谷中的一处，堪称优胜美地半穹顶中的典型代表。

图 2-8　　　　　　　　　图 2-9

这两个例子十分相似，在差不多的位置遭到冰川侵蚀。图2-9中半穹顶的一侧受特纳亚冰川和霍夫曼冰川作用，而另一侧受南莱尔冰川和默塞德冰川影响。圣华金穹顶的一侧被北部支流冰川和中部冰川的合流所侵蚀，另一侧则受南部支流冰川的影响。大名鼎鼎的半穹顶属于默塞德优胜美地，而位于国王河优胜美地的开裂的穹顶，就像其复制品一样。这些半穹顶都在差不多的海拔高度，在古代冰川中所处的位置也相似。冰川先是整个淹没了它们，然后重重地从两边划过，不断剥落碎片，最终将它们雕刻成现在的样子。半穹顶一直被认为是山谷中最神秘、最独特的岩石形态，甚至也是世界上最不可思议的岩石形态之一。然而，只要我们进行一番仔细研究，它们的历史成因就一目了然了。

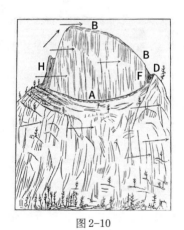

图 2-10

图 2-10：优胜美地山谷半穹顶的北面

图 2-11

图 2-11: 国王河优胜美地山谷半穹顶的北面

　　图 2-10 中，A 点和 B 点的高差约 1800 英尺，而从 A 点到底部是 3000 英尺。A 点向上几乎是垂直的峭壁，向下则是 37 度的斜坡。考察人员可以从南侧攀援，到达穹顶的肩部位置 D 点，然后沿着北侧的路向下途经 A 点到达 H 点。在 F 点的切口处，可以看到穹顶的部分截面，很显然那是巨大板状结构的边缘。这就为半穹顶的成因提供了有力的证据，岩石中垂直的劈理断面不断发育，最终将穹顶劈开，造就了一个笔直而平滑的崖面，成为人们眼中的绝景。从 A 点到 H

点，沿途也许还能看到那些剥落部分遗留下来的根部，而在 H 点也应能看到板状结构边缘。在顶部附近，我们可以看到同心层状结构的边缘，这些同心断面造就了 B–B 段的圆弧形穹顶轮廓。在 D 处，有一个小小的三角岩结构，它是斜向的劈理面和正面垂直的劈理面相交形成的。特纳亚冰川沿着图中箭头方向流经此地，而后还有若干小冰川从正面滑落，沿着坡度最大的地方流淌，侵蚀出一些浅浅的沟槽。在整个冰期结束前，还有一个翼状的冰坡留在背阴处，缓慢地侵蚀着穹顶上方。在那些深深的优胜美地式峡谷里，当阳光充足的北侧岩墙已经最终成型，背阴处的南侧岩墙总是多多少少还在进行着最后的琢磨。

半穹顶的南侧遭到莱尔冰川的严重侵蚀，角度几乎和北侧的峭壁一样陡直。总的来说，构成各个穹顶的岩石身处差不多的海拔高度，在冰川中的相对位置类似，岩石的主体构造也相近。花岗岩中特殊的纹理结构导致了穹顶顶部不同程度地开裂，形成了眼下的千姿百态。在众多的优胜美地式峡谷中，可以找到大量有趣的例子，尽管它们各有特点，却能从中发现一致的规律。

图 2-12 是优胜美地半穹顶的背面图（南侧图），可以清楚看到它被侵蚀的痕迹。图 2-13 是优胜美地的酋长岩，位于山谷北侧。图 2-14 是土伦大峡谷中部的酋长岩，位于北侧。图 2-15 是土伦大峡谷上游的酋长岩，同样位于北侧。

图 2-12

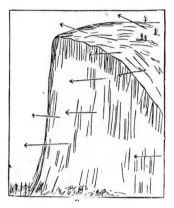

图 2-13

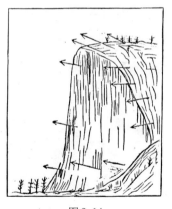

图 2-14

123

图 2-15

　　赫赫有名的酋长岩正面是如刀劈一般的绝壁，超过 3000 英尺高，其魅力绝不输给那些优美的穹顶。我从这个区域所有的优胜美地中收集了这类样本，不管怎么说，酋长岩式的岩石还是很另类的，但它们的诞生很好解释，简单来说就是矗立的山脊或隆起，其边缘一部分遭冰川破坏被冲走了。

　　某些山脊的花岗岩非常坚硬，其中一系列垂直的劈理断面发育得很充分，令其他的劈理，尤其是斜向或水平劈理几乎没有发育。一股强有力的冰川干流刚好沿其劈理面的方向掠过，同时作为一级支流的小冰川从山脊两侧汇入干流，在这种条件下，酋长岩形态的岩石就能形成。

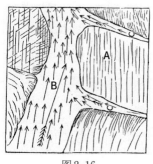

图2-16

从图2-16中可以清楚看到形成酋长岩的条件。A为一处酋长岩的横截面，可以看到其中垂直劈理形成的断面，这是决定其形态特征的关键。B是一条冰川干流，沿着山谷刚好从其正面掠过，C所示的是两侧的支流，将其和周围那些较脆弱的部分隔开。上文提到的三处标准的酋长岩都是在这样的冰川区域形成的。我还见过很多其他的酋长岩，情形几乎一样，有些地方缺少一侧或两侧的支流，所以形状不是很完美，不过可以大胆将这些岩石归为一类，以优胜美地的酋长岩为典型代表。

整个山脉表面都覆盖着冰雪的时候，连绵不断的巨大冰盖缓慢朝南移动，因此那些最标准的酋长岩都出现在东西走向的山谷北侧。具体原因可以参见第一章中图 1-8 的说明。

图 2-17   图 2-18

峡谷中那些岩石裂面的角度和它们自身劈理断面的角度是一致的，为了进一步说明这点，可以看图 2-17

和图 2-18 两个例子，这两处斜面都位于圣华金河北面岔口的峡谷内。像这样的哨兵岩（Sentinel rock）和大教堂岩（Cathedral rock）在别的冰川峡谷里也都有发现，它们出现的位置及其形态特征都是内部岩石结构的反映，冰川虽然塑造了它们，但不过是推波助澜而已。总而言之，优胜美地山谷拥有大量壮观的岩石风貌，丰富多样，令人目不暇接，这并非因为优胜美地有多么特别，而是刚巧在这里汇聚了该地区所有山谷中出现的各种地貌。

第三章
远古冰川和它们的足迹

曾经在山脉间徘徊的巨大冰川早已消逝，而它们的历史则镌刻在一块块岩石、一座座高山上，留在一条条峡谷、一片片森林中，永不磨灭。尽管后来的文字"一行又一行"覆盖其上，但冰川刻下的文字总能彰显自我，以最高贵的姿态浮现出来，无论经历怎样的激流和崩塌，也不管经过多少风吹和雨打。

在此，先简要介绍几条古老的冰川，让大家有个大概印象，它们对形成优胜美地山谷及其支流峡谷的影响最为重要。上一章中我们已经说过，优胜美地汇聚了多条冰川，包括优胜美地溪谷冰川、霍夫曼冰川、特纳亚冰川、南莱尔冰川和伊利路特冰川。这些冰川合成一股巨大的干流，从山谷中掠过，一路上还有几条小的支流汇入，分别来自波霍诺峡谷、哨兵峡谷、印第安峡谷，以及位于酋长岩两侧的小峡谷。当冰川开始流动的时候，这些峡谷的上半部分已经裸露在外，但更早之前，这些古老的冰川几乎连成一片，像一个大冰盖一样覆盖整个地区。山脉间这些古老的冰川，并非一成不变，根据各自的特点，其深度和宽度一直都有起伏，角度也有所变化，这样的波动持续到冰期结束。因此，接下来在讨论默塞德地区的这些冰川时，所有的草图都是针对单独某条冰川而言的，并且所描述的是它在特定时期的样貌。更确切地说，所谓特定时期是指优胜美地山谷及其分支基本成型的时期。

优胜美地溪谷冰川

多地涌现的冰川，汇于宽阔的优胜美地溪谷流域，成为一条长约 14 英里，宽约 4 英里，多处深度超过 1000 英尺的大冰川，这就是优胜美地溪谷冰川。它最主要的支流发源于霍夫曼山脉的北峰，那里有像圆形剧场一样的洼地，从中涌出的条条冰川顺势而下，一路向西，而后它们合为一体，又吸收了来自土伦地区分水岭的一系列小冰川，最终化身为一条声势浩大的干流。优胜美地溪谷冰川划下一道壮阔的曲线，由西改道向南，最后化作一条 2 英里宽的冰瀑布落入优胜美地。这条浩浩荡荡的冰川，曾如褶皱的云一般漫过山谷，随着岁月的流逝，又越来越像一条奔流的大河。藏在山峰背阴处的冰泉不断涌流，落入冰川，而冰川则如河流般环绕着群峰，不漫不溢，一路奔涌到头。随着它日渐消退，岩石如小岛般浮现，两岸被冲刷得光亮照人。当漫漫长冬终于结束，冰川干流日渐干涸，最后完全消失在阳光之下，在山谷中留下一座座石雕庭院，等待已久的动植物们迫不及待地来到这里，纷纷入住。而此时，那些支流逐渐退到最初涌现的地方，继续留存于山峰的背阴处，独自进行着最后的工作。它们为花园铺开冰碛，培土待种，又为湖泊的诞生而默默挖掘，还不慌不忙地在冰泉附近创作雕塑。最后，连它们也都销声匿迹，整个山谷充满了阳光，茂密的森林覆盖了广阔的冰碛区，湖泊和草甸点缀在穹顶之间，成百上千个花团锦簇的庭院散落在溪水流经之处。

霍夫曼冰川

　　霍夫曼冰川的性格和一生，同优胜美地溪谷冰川形成了鲜明的对比，它短促而湍急，直直地向前，充满着活力。后者在一片低矮的穹顶之间扩散着侵蚀之力，而霍夫曼冰川则直奔目标，在短短 5 英里的路途中下降 5000 英尺，不断凝聚力量，愈行愈深，最后如一根长 6 英里、宽 4 英里的巨大冰楔，一头扎进优胜美地山谷的上游地区。活力四射的霍夫曼冰川，伙同特纳亚冰川一起，一鼓作气完成了该区域的大部分工作，它们对岩石进行崩解和雕刻，创造了诸多作品，其中包括著名的半穹顶和北穹顶。这条冰川发源于霍夫曼山脉南侧，源自一系列平滑如翼状的支流冰川。这些支流在下行的过程中，遇到众多风景如画的石墙，它们层层叠叠好似砖砌一般，将支流冰川们分割开来。霍夫曼冰川一生的最后历程和优胜美地溪谷冰川并无太大差异，不过由于河道倾斜度大，同样在阳光中消融，它不像后者那样懒懒散散。位于低处的部分首先消失殆尽，然后冰川逐步后退，在山脚下短暂徘徊了一阵，完成了对地貌最后的修饰，最后留下大量冰碛和土，哺育花园与森林。

霍夫曼山的山坡一片灰色，寸草不生，一旦翻过山坡进入洼地，则仿佛置身于最美的山间花园。洼地的边缘和斜坡上长着密密的灌木丛，结着各种各样的浆果，应该是熊最喜欢的地方，而洼地中心则是我见过最美的银杉林。寒冰的脚步曾停留的地方，如今却被阳光和生命温暖地包裹着。

特纳亚冰川

　　崎岖不平、支流错综的特纳亚冰川长约 12 英里，最宽处达 2.5 英里，最窄的地方仅 0.5 英里，深度从 500 英尺到 2000 英尺不等。之所以呈现这样的姿态，是因为冰流在有些区域蔓延到各个分支，在另一些地方则又集中于一处。它的发源地并非山顶的冰涌之泉，而是土伦大冰海的出口之一。在那里，这条宽 2 英里，深度超过 1000 英尺的优雅冰川一下子就成形了。特纳亚冰川大体沿着西南方向前进，从半穹顶和北穹顶之间进入优胜美地的上游。它流动速度较慢，一路上先不断向土伦地区分水岭的方向涌动，侵蚀着一系列河道支流，这些河道都通往特纳亚湖所在的那一片宽阔的浅洼地。随后，从分水岭那头越过来的冰川，以及从大教堂峰（Cathedral Peak）的冰泉涌出的大量冰川落入其中，特纳亚冰川获得了新生力量再次启程，冰流溢过洼地西南侧的边缘，洒下一系列壮美的瀑布，接着重重碾过云歇峰(Clouds Rest)的山脊,转而向西,最后全力冲刺,聚集起所有的力量一头栽进优胜美地。

当冰期临近尾声,霍夫曼冰川上部的支流们还在碾磨碎石,为森林的到来做准备,而这时的特纳亚冰川并非从低往高逐步消退,而是从头到尾整个停止了活动,萎缩凋零。上部被分割成平行的条带状,遍布于特纳亚湖盆和土伦大冰海之间,当它们和湖盆上浅浅的冰层一起融化时,露出了起伏的石浪和光滑如道的石面,在这片鲜有沟壑的地方,大水肆意奔流。湖盆中各种类型的冰碛都很少见,周围最大一处冰碛在特纳亚湖西北方斜坡上的分水岭那,邻近土伦大草甸。* [* 因为特纳亚冰川的干流各处几乎同时消退,在整个冰川通道中自然找不到堆积的冰碛;而通道两侧十分陡峭,无法堆积,因此也几乎没有冰碛。特纳亚留下的第一批小冰川在优胜美地半穹顶的阴影处,其他的则分布在竞技场峰(Coliseum Peak)的山脚,以及从特纳亚湖到土伦大草甸沿线陡峭的岩墙附近。后者由于岩墙的连续阴影很好地保护了冰川,最终形成了相当长一段规则的冰碛,很容易被人误认为是主冰川左侧冰碛的一部分。]

特纳亚冰川壮阔而豪迈,从它的出口附近往上约6英里处有一段深埋在坚硬的花岗岩石槽中,深度为

2000 英尺到 3000 英尺，与水平面夹角在 30 度到 50 度之间。过了这一段再往上的部分，冰川被四处乱窜的山脊所打断，它们陆续延伸到特纳亚湖。越过这些山脊，穿过湖边打磨光亮的石道，还会发现有另外一个系列的山脊，它们的高度为 500 英尺到 1200 英尺，一直延伸到分水岭的另一边，连接着土伦地区古老的冰泉。从它们裸露的姿态和光亮的表面来看，一开始应该只是被冰川覆盖的巨石，夹在大教堂峰和霍夫曼山脉东南侧山肩之间的冰川从上而过，长年连续不断地冲刷，最终形成了这一系列的山脊。

南莱尔冰川（或称内华达冰川）

南莱尔冰川不如上述的冰川那么声势浩大，但它更加悠长而匀称，其源头一直可以追溯到整个流域主轴线的起始处，在本篇介绍的诸条冰川中是唯一一条隶属于默塞德体系的冰川。滋养它的众多冰之源泉，分布在海拔 10000 英尺到 12000 英尺的高度，可以清晰地划归为三组，当然如今这些冰泉基本都已干涸。第一组从马特洪峰（Matterhorn）往大教堂峰而去，沿西北方向全长约 12 英里，位于盆地右侧。第二组沿着同样的方向盘踞于盆地左侧，罗列在默塞德群峰之间，全长约 6 英里。第三组在盆地的顶端排开，延伸的方向和前两组成直角，与它们分别交汇于各自的东南端。这三组冰泉所在的峰峦和云歇峰的山脊一同围成了一个矩形的盆地，盆地的出口处在西南方向，川流落于莱尔群峰的波澜起伏之中，和冰泉主要的聚集地遥相对望。南莱尔冰川的干流得到众多冰泉的滋养，深 1000 英尺到 1400 英尺，宽 0.75 英里到 1.5 英里，全长约 15 英里。它最先朝西北方向前进了一小段，然后往左划下一道弧线，径直朝西奔去，在长途跋涉之后从半穹顶和斯塔尔国王山之间坠落优胜美地。

图 3-1

图 3-1: 南莱尔冰川通道左岸的一部分，靠近大教堂峰支流的汇入口。

　　处于冰期尾声的优胜美地拥有众多比如今的瀑布更加壮丽优美的冰瀑，而南莱尔冰川沿着半穹顶宽阔的弧形边缘坠落而成的，是其中最令人称赞的一个。整个南莱尔冰川像一棵大树，树干虬曲苍劲，枝条舒展优雅。在距离优胜美地几英里的上游，两岸分布着大量岩石群，形式不拘一格，组合多种多样，曾有支流冰川从中快速滑过。往坡顶方向可以看到一些斑驳的黑色板岩，在山脊和山角处则是灰色的花岗岩巨石。这里曾经发生过一件非常有趣的事情，土伦地区的一股强势冰流一度冲到这里，漫溢过盆地东北方的边缘，破坏了矗立在那里的大教堂峰的尖顶。从侵蚀留下的痕迹可以发现，它很明显是从东北向西南运动的，这一点在论证曾经覆盖整个地区的巨大冰盖的运动时，显得尤为重要。事实上，在考察了优胜美地所有冰川流经的盆地后发现，它们都有冰流从东北方向漫过其边缘留下的类似痕迹。

冰碛主要分布在山谷的两侧或是盆地中间比较粗糙的地方，都有短小而不规则的断面，相互之间很难看出系统性的关联。造成这种散乱状态的原因是山谷两侧若干地方太过陡峭，冰碛无法在其上很好地停留，遇到自上而下的水流或崩落的积雪，就随之而去了。

而森林和灌木的繁茂，进一步增加了观察难度，想要从这般凌乱中品味出统一而连贯的美景，非要经过一番耐心仔细的研究不可。南莱尔冰川干流下游南侧的冰碛绵延5英里，始于北部克拉克山（Mount Clark）的支流汇入口，终于伊利路特（Illilouette）峡谷口。由于其上方是寒冷的背阴处，曾落下过一条小冰川，加之一些别的地形阻碍，这条冰碛在很多地方结构并不完整。相同位置，干流另一侧的冰碛则要完整得多，从大教堂峰的支流汇入口一直延伸到半穹顶。这一侧地势相对平坦，而且覆盖云歇峰的下行冰翼完全暴露在日晒之下，比冰川干流更早融化殆尽，没有干扰破坏冰碛的堆成。沿着云歇峰从优胜美地小径（Yosemite trail）而下，斜穿过这条冰碛，可以看到几处被溪流冲开的截面，由此大致能够了解它的规模和特性。冰碛中有一些来自莱尔群峰的板岩巨石，但其主要组成部分是花岗岩和斑岩，基本来自长石谷（Feldspar valley）和大教堂谷（Cathedral valley）。

这条较为完整的冰碛的上端，靠近大教堂峰支流附近处，平均海拔为 8100 英尺，到半穹顶附近约为 7600 英尺。它坐落在山谷一侧，许多地方看起来像一条铁道那样笔直和整齐，倾斜角度在 15 度到 25 度之间变化。以冰碛的最高点为基准，测量在云歇峰和斯塔尔国王山之间的冰川，可知其最大深度为 1300 英尺。这里的冬天每年都不相同，有些年份特别冷，大雪纷飞，有些年份则相反，于是就像晴天和暴雨的交替会造成河流涨跌一样，冰川也逐年发生波动，导致山谷两侧出现了许多阶梯状的结构。当南莱尔冰川逐渐消融，深度降为 500 英尺的时候，河道的崎岖和高低不平让它难以顺利前行，从整体上来看，它停止了前进的脚步，但是在一些深度较大和坡度陡峭的地方仍然展现出生命的活力，就像一条垂死挣扎的巨蟒一样蜷曲和蠕动。在阳光的照耀下，山谷低处开始逐渐显露，但是那些不断涌现冰川的冰泉们，仍在不懈地努力着。一系列短小的冰川残留下来，形成一派壮丽景象，沿着盆地的三条边绵延24英里。根据海拔、规模和暴露程度的不同，这些小冰川在往后的日子依次消亡，其中很大一部分残存到了距今很近的时代。在巍巍山巅的背阴处，至今仍有少量的冰川还未褪去，孜孜不倦地进行着最后的刻画，为南莱尔冰川的历史书写最后一笔。冰川在群山之间撰写着最辉煌、最工整的卷稿，而其中的一篇又即将完成。

伊利路特冰川

这条盘踞于伊利路特盆地的冰川宽而浅，两岸间距几乎是其整个长度的一半，与其说是条川，更像是个湖。伊利路特冰川全长约 10 英里，最深的地方却不超过 700 英尺。它的主要补给来自默塞德群峰的西侧，在海拔 10000 英尺的地方，许多冰量丰富的支流形成，它们沿着各自的路径向西流淌，在靠近盆地中心处汇合。冰川干流在前行过程中向北拐弯，重重刨削了左岸雄伟的岩墙，最后从冰川点和斯塔尔国王山之间的峡谷进入优胜美地。在伊利路特盆地所能见到的冰川现象简单而有序，作为发源地的冰泉基本都集中在背阴处，自上而下的冰流留下的痕迹连贯而统一。从斯塔尔国王山东侧的底部仰望，可以看到完整的冰碛从黑山（Black mountain）、红山（Red mountain）、灰山（Gray mountain）和克拉克山上一直延伸到盆地中央，就像在欣赏一幅美丽的全景图。源自红山和黑山的冰雪在中间汇成一股支流而下，其右侧是一幅冰川雕刻的壮美作品。它整个有 250 英尺高，上方连着红山的山肩，呈现出阶梯状的三层结构。一二层之间落差 85 英尺，表面倾角 15 度；二三层之间落差 95 英尺，倾角 25 度；从第三层下到底部的落差是 70 英尺，倾角为 19 度。最顶上的平台显得很光滑，它比下层的平台要古老，许多结构早已崩坏，碎裂成砂。

顺着冰碛往下看几英里，可以发现它正面的坡度平均在 27 度左右，比冰川河道的底部大约高出 666 英尺。冰道上部两侧超过一半区域被冰碛占据着，上面植被繁茂，灌木丛生，主要有熊果树、樱桃树和一些锥属乔木。从克拉克山西侧山麓一直到斯塔尔国王山附近，沿途各处都能见到玫瑰色的花岗岩石块，大部分体积巨大。这刚好说明了漫溢过盆地北侧分水岭的冰川只可能来自克拉克山。

靠近盆地中心处，冰碛有规则地逐渐破碎、消失，留下一个由砾石组成的平坦斜坡，斜坡上长满了一种熊果属灌木（Arctostaphylos glauca），远远望去是一片赏心悦目的绿地。从被溪流冲刷出的截面上可以看到，其物质构成和冰碛相同，只不过由于水流作用被磨得更加圆润光滑。主河道在某个狭窄的位置被冰川终碛堵塞，形成一个冰碛湖，湖底的冰碛物在变得更加细碎后，随水流冲过出口，四散开来。盆地南部的边缘是一道非常醒目的完整岩墙，从黑山 * [* 这座黑山紧挨着红山的南侧，它再往南 6 英里还有一座山也叫黑山，不要混淆两者。] 一直延伸到布埃纳维斯塔峰（Buena Vista Peak），整个夏季岩墙下的阴影处都很凉爽，庇护着那些冰泉。而盆地北部边缘则呈现出一系列柔顺的起伏，美丽的穹顶层出不穷的，它们留着深色的刘海，那是冷杉，其间看起来灰暗的地方点缀着刺柏和银松。

伊利路特冰川就像一排整齐的犁刀，在岩石丛中犁出匀称的样式，开垦了一片片肥沃的土地，刨出一条条灌溉的沟渠，孕育了一处处花园与丛林。冰川在这里精心地开垦与耕作，整个优胜美地都找不到比这里耕耘得更出色的地方。错落的穹顶，高耸的岩墙，还有那些雄伟的山峰，都成了边缘的装饰，以衬托作为中心的花园。如果说优胜美地溪谷、特纳亚和南莱尔流域都是点缀着花园的壮丽石雕群，那么伊利路特盆地则是岩石环绕的美丽花园。

大自然钟爱数字 5，冰川的数目是 5 条，沿路众多小花的花瓣也是 5 片。就像同一朵花上的不同花瓣那样，优胜美地的 5 条冰川彼此间也有着紧密的联系，是一个整体。它们汇入山谷之后，形成一股巨大的干流。由于聚集了各路冰川的能量，干流大冰川一路勇往直前，最后经过一段爬升冲出山谷。在整个行进过程中，还有一些较小的支流顺着小峡谷进入谷底，基本都来自西侧，当然它们并没有给干流造成太大影响。快到山谷出口处时，冰川有一段明显的爬升，在两侧的岩壁上留下了斜向上的刮痕。顺着冰川的跌落，科尔特维尔（Coulterville）和马里波萨（Mariposa）小道应运而生。进一步的考察研究发现，整个大冰盖在分裂为条条冰川的时期，沿西南方向运动，这导致了同等条件下，优胜美地全域所有地形的南缘都要被侵蚀得更厉害些，因此南侧的小道也更容易形成。从外界进入优胜美地的第一条小道，理所当然是顺着南缘的。此外，进入土伦优胜美地和国王河优胜美地都只有唯一一条小路，也是顺南缘而下的。绝大多数野鹿和熊的足迹，以及印第安人的足迹，也都在优胜美地的南缘延伸。曾经冰川们在冰天雪地中走过的路，如今为动物和人的活动提供了便利。

通过优胜美地干流冰川在两侧留下的巨大冰碛，可以确信它在冲出峡谷后，自滑落的边缘朝着西南偏西的方向前行。一条较大的支流喀斯喀特溪（Cascade Creek）不断冲击着右侧的冰碛，导致其结构复杂难寻。左侧冰碛的结构相对简单、易辨识，然其下方遭遇来自东南方的支流，也一定程度被破坏了。两侧的冰碛都混杂着沙土，上方覆盖着绿植，由于长年受到雨水和融雪的冲刷，又历经风化作用，它们的表面被沙化，变得光润，看起来越来越不像冰碛了。这些冰碛记录着山谷形成过程中的关键信息，却又不那么显而易见，若不对其性质了若指掌，很难留意到它们。其他的优胜美地式山谷，从出口边缘往下，凡是能停留的地方都有类似的冰碛延伸。在赫奇赫奇山谷和默塞德上游地区一些年轻的优胜美地式小山谷中，冰川冲出谷口时在底部留下的上行条纹仍然可见，能清楚测量其攀爬的角度。

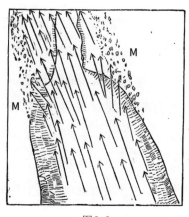

图3-2

图 3-3

图 3-2 是某个优胜美地山谷出口处的水平截面图,
可以看到很常规的船型边缘,两侧的冰碛(见图示 M、M)
从出口边缘开始延伸。冰碛的分布和图中箭头所指的
方向表明了冰川在冲出山谷后的行踪。图 3-3 是某个
优胜美地山谷出口处的右侧边缘,位于默塞德上游地
区,是大教堂支流汇入干流的地方。箭头所指的方向
是岩体上的纹路走向,据此可以测量冰川漫溢出去时
的上升角度。

目前这些研究工作的前提是,假设该地区的山谷
都是侵蚀山谷,而且冰川侵蚀是首要因素。在此基础

上的讨论需要对当地的地形地貌有基本的了解，并对该地区古老的冰川史知晓一二。因这篇文章的篇幅所限，只能做一个最简要的介绍，在以后的文章中还会进一步展开说明。

在古老的传说中，化石是在石头中被创造出来的，如今鲜有人会相信这个说法，但当时的地质学家们曾绞尽脑汁想要证明大自然会创造出这些残缺的作品。而从某个角度来看，我们这里讨论的所有山谷，恰都是残缺的，不完整的。

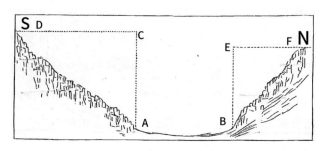

图 3-4

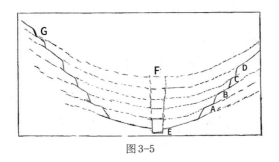

图 3-5

图3-4是优胜美地山谷中的印第安峡谷的截面图，图中有许多像树桩一样的花岗岩石板和石柱。这些支离破碎的岩石如今占据着整个峡谷或是其中一部分，不管怎么说，至少比图中显示的 ACD 部分和 BEF 部分要多。峡谷底部的 AB 部分，堆积了很多漂流过来的东西，假如将之除去，令谷底坦露，应当能看到遍布其中的石板和石柱的末端，因为 ACEB 这个区域曾填满了和两侧一样的岩石结构。而在一些谷底裸露的峡谷中，我们确实发现破碎的石柱随处可见。因此，这些山谷显然不是由于山体的褶皱、开裂或下陷形成的，而是将原来这里的许多岩石粉碎并搬走之后形成

的，换言之，是侵蚀而成的。

图 3-5 是伊利路特山谷底部的截面图，位置在斯塔尔国王山的南部地带。其底部裸露，如虚线所示的原有花岗岩层 A、B、C、D 已然被侵蚀。* [* 花岗岩经流水侵蚀不会形成 U 形山谷，只会出现图 3-5 中 EF 所示的狭窄沟壑。] 即便出现图 3-6 中那样的截面，波浪一样的岩石结构，两个波峰中间有平滑的波谷曲线，我们也不能断言这就是地表褶皱形成的。因为在第一章中就讨论过，穹顶或一些波浪形花岗岩拥有类似同心圆的劈理结构，如 A、C 所示，而 B 的位置则可以是一些结构完全不同或没有固定结构的块状物。

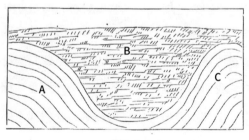

图 3-6

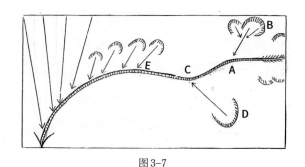

图 3-7

图 3-7：土伦山谷上游的弯曲示意图

侵蚀山谷的主力有两个，水和冰。它们的侵蚀现象有明显区别，许多观察者会一刀切地认为水胜于冰或冰胜于水。此地的山谷中留有冰碛，与山谷的大小和表面状况相匹配，而冰碛是冰川的残留物，明确地指示了这里主要经历的是冰蚀。另外，山谷的结构也揭示了它们的成因。山谷的走势、大小和形式，其边缘的破损和旁逸斜出，都与上方那些涌现冰川的冰泉之间有着稳定而密切的关系，冰蚀作用显而易见。第二章中介绍了优胜美地式山谷的走向是古老冰川直接作用的结果，而独特的岩石构造则令其呈现出各种姿态。可以毫不夸张地说，该地区的山谷无一例外都是如此。以土伦山谷上游为例，这一段长约 8 英里，深度在 2000 英尺到 3000 英尺之间，方向大致朝北。如果我们从莱尔山脚附近的起点沿山谷而下，经过约 2 英里的直行后会向左有一个小角度的拐弯（见图 3-7 中的 A 处）。找寻原因的时候会发现，在相反方向，或者说是在右侧的山岩上有一处凹陷，这是一条支流的汇入口，顺藤摸瓜就可以向上找到曾是冰泉的大坑（见图 3-7 的 B 处）。这条支流冰川向下冲入山谷，略微改变了干流的走向，导致了这个弯曲。沿新的方向前行大约 1.5 英里后，山谷又在 C 处缓缓向右拐弯，这次我们可以发现在左侧有一条冰蚀的支流峡谷，像之前一样循迹而上可以找到冰川的诞生地（D 处），在此诞生的支流冰川顺势而下，尽其所能令冰川干流缓缓弯曲，略微改变了前进的方向。此后，这条壮丽的山谷又向左画出一道弧线，我们可以在其右侧找到一系列与之对应的支流，而且在每次变道的时候，它的宽度和深度，至少其中一者会有所变化。其他山谷也是如此，变道意味着加深或变宽。靠近大草甸时，一些巨大的冰川将这条山谷彻底带向了西方，它们来自达纳山（Mount Dana）、吉布斯山（Mount Gibbs）、奥德山（Mount Ord）等山脉的一侧，如图中那些大箭头所示。我们可以沿山谷再走30英里，会发现同样的冰川法则处处可见，整个山谷就像一条柔软蜿蜒的巨蛇，而每一次的弯曲都伴随着支流的汇入。远古冰川的作用原理就是如此简洁而又令人拍手称绝。

这个地区的每条山谷都顺从于冰川的伟力，并留下显而易见的证据。只因人们对冰之力了解甚少，才一再地忽视了冰蚀作用。我们熟悉流水，水是人生活的伴侣，冰却不能常伴人左右。水比冰更亲近于人，也比冰更会表达自身。假如冰川能够像滔滔洪水那样，用巨响来彰显力量，那么人们也就不会对其洪荒之力视而不见了。孕育冰川的冰泉越大，形成山谷的规模也越大，它们之间有着简单而直接的正相关性，但在溪流的水源地和其冲刷的峡谷间却找不到这种关联。例如，特纳亚盆地的大小不到南莱尔盆地的四分之一，但前者的峡谷却要大得多。事实上，许多峡谷的地形特征充分显示了，其间不可能有流水经过。冰川在山坡上的爬升能力和流水是截然不同的，尽管两者都不能逾越各自的极限，但显然冰川的爬坡能力更强，这就意味着在许多地方水流不可能沿冰川的轨迹前进。侵蚀特纳亚峡谷的大部分冰流来自土伦地区，它们攀升超过 500 英尺，越过了分水岭，这对溪流来说是不可能的。这就解释了为何此地会有干涸的冰河道，以及上文提到的特纳亚峡谷和特纳亚盆地在规模上差异悬殊。

仔细观察一下此处山间上游的溪流，很快就能发现它们还很年轻，并不谙熟山路，时而狂奔着从山崖跌落，时而徘徊于水洼不前，时而又在湖中贪睡，常常尴尬地停留又转身，不断探索着前进的道路。在冰川的脚步最沉重的地方，溪流却只是轻柔地拂过。以冰川为钥，我们解开了每个山谷的秘密，那些水流无法解释的现象，那些地形沉降、地裂和褶皱都解释不了的现象，在冰川面前都变得一目了然。

上一章中我们讨论过冰期后溪流对默塞德上游峡谷的侵蚀作用微乎其微，不到总量的50万分之一。目前在该地区发现的最深的水蚀河谷主要有两处，一处在上优胜美地瀑布和下优胜美地瀑布之间，一处在特纳亚峡谷的镜湖往上约4英里的地方。这些河谷的深度从20英尺到100英尺不等，它们都非常狭窄，被冲刷的两侧有坑洞且很坚硬，同冰蚀谷相比一眼就能分辨出来。

流水在岩石上侵蚀而成的河谷中，目前已知最宏伟的恐怕要数尼亚加拉（Niagara）峡谷了。它位于尼亚加拉大瀑布的下方，平均宽度900英尺，深200英尺。然而同样长度下，冰蚀的优胜美地山谷要比它大100倍，况且构成优胜美地的是坚硬无比的花岗岩，而尼亚加拉谷底主要是页岩和石灰岩。更有甚者，现存的尼亚加拉峡谷可以看作河流这么多年所有努力汇聚的结果，但如今的优胜美地却远未呈现出整个冰期冰川侵蚀的总量，甚至都没能体现出山谷发育过程中全部的侵蚀量，因为在山谷底部加深的同时，两侧岩墙的顶部纷纷掉落，早已无踪可觅。我们把尼亚加拉峡谷的诞生归功于流淌其中的河流，它不停作业，从上游一直延续到伊利湖（Lake Erie）。同理，我们把优胜美地的缔造者认定为冰川，在一些峡谷分支的上部，我们仍能看到小规模的冰川在进行着同样的刨削。如果我们把默塞德峡谷比作一条开凿出来的槽，那么在末端我们依然可以找到雕凿它锥子，尽管已然锈迹斑斑。如果有一天，尼亚加拉河干涸了，或是只留下涓涓细流，那么它曾经缔造峡谷的印迹将如纪念碑一般，留在峡谷的两岸，千秋万代。虽然灼日最终带走了优胜美地的冰川，但它们凿山雕石的伟绩却丝毫没有被埋没，山谷中的每一块岩石都是纪念它们的丰碑，用其结构和形态讲述着过往的故事。

徜徉在优胜美地的冰川们曾走过的路上，满目都是它们的得意作品，嶙峋的山雕、雄健的峡谷、支离破碎的岩石，还有它们一路带来的冰碛。这等规模的展现，若是初见早已为之目瞪口呆，然而现在我们不禁要问，难道这就是全部吗？如此惊人的能量汇聚于此，难道就没有更宏伟的表现吗？

第四章

冰蚀

冰川侵蚀作用归根到底是一种太阳能的表现形式，它简洁而又神圣。海水蒸发为水蒸气上升，又冷凝为雪降落在山间。积雪经过反复的融化与霜结，加上自身重力的挤压，最终变成了冰。这些坚固的冰看起来像玻璃一样纹丝不动，但实际早就踏上了一场漫长的旅途，一路向着它们的诞生地大海前行，快慢相当于手表时针的移动速度。

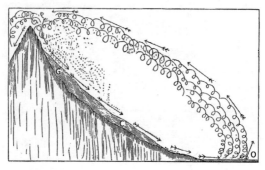

图 4-1

图 4-1 是对冰蚀作用的一个形象说明，水、气、雪、冰四者之间的循环就像一个轮子状的磨盘，而太阳驱动着这个巨大的磨盘打磨山体。

格陵兰岛北部、新地岛（Nova Zembla）、北极圈内的阿拉斯加岛东南部以及挪威地区，拥有充足的雪量和适宜的气候条件，冰川通常会直接流入大海。也许在冰川盛行的大冰期，所有冰川的一级干流都是如此。但如今全球变暖，冰雪融化得很快，绝大多数冰川在到达海洋之前就消失得无影无踪。根据施拉根维特（Schlagenweit）的说法，瑞士的冰川在平均海拔7400英尺以下就都融化了，而作为恒河源头的喜马拉雅冰川则已经后退至海拔12914英尺，*[* 参考霍奇森（Captain Hodgson）的说法。（译者按：作者关于施拉根维特和霍奇森的引用没有标明参考书目，而这两个人名也都不完整，目前没有查到相应的著作。] 至于北美山区的冰川，平均高度已经到了11000英尺。通常来说，冰川会沿着山间最陡的一侧而下，但这个普遍的规律很多时候貌似并不管用，常常可以看到冰川优雅而缓慢地铺开脚步，蔓延而下几百英尺，举重若轻。更有甚者，像特纳亚冰川，始于土伦大冰海的出口之一，一度爬升超过 500 英尺，越过了默塞德分水岭，当然其动力很大部分来自汇入的支流，它们从 10 英里开外的达纳山、吉布斯山和其他山上下来，有着更为陡峭的坡度。

冰川越深厚、越宽阔，在水平距离上就能走得越远。无论其前进道路上有多少艰难险阻，多少山脊峡谷，只要它够深、够宽，只要总体坡度足够，冰川都能平稳地流淌过去，就像小溪从石头的表面和缝隙间流过。

山脉现状和冰川作用

山脉间冰川留下的痕迹丰富多样，最引人注目的首先是山体表面的变化，或是被磨光，或是呈现条纹，或是留下划痕，或是开出沟槽，这些都是冰川经过岩石的足迹；其次是冰碛，泛指冰川以一种特殊的方式搬运、堆积而成的构造，包括各种大小不一、形状多样的泥土、灰渣、沙子、砾石和石块；再次是冰川的雕塑作品，那些山谷、湖盆、山丘、山脊和巨岩，它们的形状、走势和分布规律等都是冰川作用的结果。

为了更加清楚和充分地揭示上述现象，可以看图4-2。这张群峰图简单勾勒了从山尖到山脚的轮廓，所示区域位于土伦河和默塞德河之间的西侧，尽管只是一个大概的示意图，略显粗糙，但足以阐明一些现象。图中上部区域 D 到 C 之间几乎都是变质板岩，下部区域 B 到 A 之间也基本如此，中部区域绝大部分是花岗岩构成的，除了在默塞德峰和霍夫曼峰顶部有少量的板岩。该处总体的地形特征十分明显，山尖都很锐利，棱角分明，是冰川自上而下刮削形成的，而作为山脉主体的中间部分和低矮处都很圆润，是冰川漫溢而过的结果。山尖附近冰川作用的痕迹年代很近，单纯因为这些山尖还很年轻，它们中间仍有一些小规模的冰川，至今依然活跃着。最有意思的是中部区域，尽管年代久远，却森罗万象地包含着冰川作用的各种现象，花岗岩的特殊物理结构耐得住冰川的长期作用，能够记录下它们久远的历史。

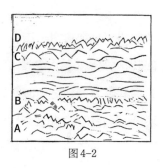

图4-2

这里的峡谷和冰碛蔚为壮观，华丽夺目中不失朴素庄严，巧妙地契合着冰川运动的规律，变化多端的岩石群林立如森，令人目不暇接。然而，在这些冰川留下的纷繁景象中，最引人瞩目的当属抛光的岩石表面，其呈现出的卓绝和美丽无法用言语来形容。它们大面积现身于山顶和半山腰以上的区域，明亮无瑕，如同一片片不为人知的天空。尽管历经千万年的风吹雨打、日晒霜结，这些如玻璃般反射光芒的表面却好似刚完成的作品，完美无缺。一个普通的登山者很少会注目那些排列规则的冰碛、深邃的峡谷或高昂的岩石，但他一定会俯下身来，爱不释手地抚摸这些光滑的表面，寻思其由来究竟。他见识过山顶的雪崩，但这些岩石表面远超崩雪能到达的区域，并非雪之所为；他在巍峨的穹顶找到了积水，但显然它们也非流水所作；似乎唯有风能够沿着划痕和沟槽的方向掠过，于是他将这些现象的原因归结为风。连马和狗经过这些光亮的表面时都会好奇地停下来，又看又闻，小心翼翼地把脚踩上去，只有野山羊们毫无顾忌地自由奔跑在这些光亮的大道上。

这些抛光面是冰川从坚硬致密的板岩或花岗岩上滑过造成的，细密的条纹显然是冰川底部夹带的沙粒所为，而那些划痕和小沟槽则归功于冰川所携岩石的尖锐棱角。在变质板岩的区域粗糙的划痕最为丰富，因为这里的岩石容易在冰川压力下崩坏。边缘锋利的石块成为冰川中的雕刻工具，随着冰川越行越远，它们的棱角被磨平，逐渐消失。

　　中部区域海拔较高的地方，花岗岩含硅量最多也最为坚硬，明亮的抛光面大量呈现。它们总是如此的耀眼夺目，从山脊往山谷延伸，一路斜向西。山谷北侧的抛光面通常要比南侧的延伸得更远，因为雨雪的作用会破坏它们，山谷的北侧显然更受阳光眷顾，而南侧长年背阴、潮湿多雨。目前发现的抛光面中，海拔最低的在3000英尺到5000英尺间，距离山顶有30英里到40英里远。它们通常位于光照很好的地方，上方有垂直的岩墙保护，很少经受雨雪的坠落和流淌，也有些位于宽阔峡谷的底部隆起处，上方有飞悬的巨石遮风挡雨。

冰碛

　　在山顶附近，我们不难找到一些仍在徘徊的小冰川，能够观察到各种冰碛的形成过程。这些堆积冰碛的材料刚从附近的山上搬运过来，上方还没有植被覆盖，呈现出最原始的不稳定状态，就像建造铁路路基的砾石刚刚倾倒下来一样。而那些远古冰川带来的冰碛则草木丰茂，或陡或缓一直延伸到山坡的中间地带，如同我们在第三章中提到的那样。与冰川相关的岩石形态遍布该地区，其数量之众多、形式之丰富、规模之庞大令人称奇，而这就是此处山间最独特的风景线。无论峡谷、山脊还是其他各种地形地貌，在一个地区要足够大量，才能真正构成美丽的风景，才能引起人们科学研究的兴趣。据我观察，低海拔的地方几乎找不到抛光面，也难见到冰碛。那些曾经构成冰碛的部分一次次散落，反复被冲刷，支离破碎、改头换面，有些留在河岸，有些堆在平地，有些填充了湖盆，无论从其所在位置、堆积形式还是力学结构来看，都难觅当年踪影。除非我们从山顶区域未经破坏的冰碛开始，仔细地循迹而下找到它们，否则很难相信它们是古老冰川带来的沉积物。

冰川塑造的形象中最不可磨灭的部分，当数峡谷、山脊和巨岩，它们的结构、样态和所处地理位置都体现了冰川的独特作用。然而，它们在冰川之后又遭受了各种侵蚀，或是被森林、灌木和草甸覆盖，因此需要有一双训练有素的眼睛，才能透过层层面纱窥见其真容。

大冰期期间覆于大地上的巨大冰盖，有如一块橡皮擦，将之前地表记录的文字统统擦去，然后在空白的书页上写下自己的历史。如果我们熟悉一个朋友的笔迹，那么即使他多次涂改的手稿也一样能够阅读。同理，了解了大自然的笔迹，就能看懂它以山石为页而作的书。记录在山顶的冰川历史是很清晰的，越往下则越模糊，因为混杂了他者留下的痕迹。露水令其暗淡失色，激流在上面乱涂乱画，地震和山崩则将一些细节彻底抹去。接近底部的地区，由于森林草木和田地的覆盖，这些文字更加晦涩难懂，哪怕是原稿中反复强调的部分，也只有非常勤奋的学生才能读懂一二。

冰川的侵蚀之路

几乎所有的地质学家都知道，冰川带走岩石的同时会将其打磨，但是具体讨论到冰川中岩石碎块的大小、数量以及搬运过程中冰川自身的能量损耗等问题时，大家就茫然了。如果要进一步探究冰川侵蚀过后的岩石和山谷是何种形态，了解的人就更少了。我们研究冰川的时间还很短，而冰川的活动又那么悄无声息，不易觉察，所以这样的研究现状并不奇怪。

在这篇小小的文章中我仅能指出一些研究方法，简单揭示据此研究冰川现象可能得到的结果。首先，我们应该走近冰川，实地去了解它们的重量、运动和其他一些行为 * [* 在此我向大家推荐阿加西、廷德尔（Tyndall）和福布斯（Forbes）的精彩作品。]，知悉冰川是如何从各个地方将岩石剥落、搬运，最后堆积的。其次，我们可以沿着古代冰川的轨迹，观察它们所过之处的样貌和形态，了解它们的侵蚀搬运能力。最后，还要观察构成冰碛的碎块结构，以及这些碎块掉落处的表面状况，看看它们是被磨下来的，是开裂掉落的，还是被折断下来的。

从冰川下方涌出的水通常都是浑浊的，顺着水流来到它们停留的池塘，可以看到池底沉积着细细的泥粉，用拇指和食指捏一下，会发现这些泥粉细腻光润如面粉。它们是冰川侵蚀山脉的过程中形成的最细小的碎片，位于冰川下方，和岩石接触，在一股巨大的压力下均匀滑过岩床，打磨出那些夺目的抛光面。

夏末，冬天的积雪几乎都融化了，大量的沙石散落到冰川表面，那些不堪暴风雨的摧残，从上方悬崖掉落的棱角分明的石块也混杂其中。这些形状迥异、大小不一的碎块就像河流表面的漂浮物一样随着冰川而下，最后沉积为冰碛，然而其中只有一部分是冰川侵蚀的产物。大部分的沙尘是风吹落的，一些较大的碎块是岩石在雨打霜冻和风化作用下崩裂而成的，还有大量的碎石是山崩产生的，在地震中落了下来。当然，冰川的侵蚀作用在改变地表形态中也扮演着重要角色，它们动摇了悬崖的根基，令其倒塌、坠落。1872年和1873年的夏天，我在这一带的山间探险考察，造访的每一条冰川上几乎都留下了地震的手笔。尤其是1872年的3月，这里发生过一次相当大的地震，震后我马上来到现场，看到了那些刚刚掉落到冰川上，连位置都还没挪动的碎石。

图4-3

在所有的冰碛中我们都可以找到各种各样的碎石，从它们的样子、结构和表面状况可以判断，有些并非来自冰川上方的山顶，而是冰川从沿路经过的岩石上剥落下来的。我曾实地考察过北里特山冰川（north

Mount Ritter Glacier）和阿拉斯加的许多冰川，发现它们在前行途中都会破坏两侧的岩石，掉落的石块夹在冰川与岩壁之间被磨平棱角。每一条古代冰川曾走过的路上，都会留下冰的杰作，它们不仅用携带的细沙打磨两侧，还会凿下巨大的石块。如果我们来到这一带中部的花岗岩区，会发现在海拔稍高一点的地方有很多规律的大石头，它们在颜色和结构上特征明显，很容易追溯到是从哪里的岩体或山体上剥落下来的。统计这些石块的大小，沿线分布的数量，以及搬运它们的冰川的大致运动速率，可以形成一份详细数据，从中粗略估算出冰川剥落侵蚀岩石的速度。图 4-3 是特纳亚湖以西 2 英里的一处巨岩以及从上掉落的一系列石块。这些巨大的石块散落在一处平整的山脊上，在冰期结束之后，几乎就没怎么动过。通过一些测定方法，可以确定这些直径基本都在 12 英尺以上的大石块曾经是巨岩的一部分，而且是直接被横扫而过的冰川暴力破坏下来的。它们显然不是自然掉落到冰川上的，否则这块巨岩恐怕早已溃不成型，而且在冰期过后，同样掉落的石块由于没有冰川搬运，应该会堆积在巨岩的底部，然而这两种情况都未出现，巨岩结构紧密岿然不动，仿佛未曾经过暴风雨的洗礼。无论是经年累月的风化作用，还是地震的残暴之力，都未能撼动这块巨岩，而特纳亚冰川却在去往优胜美地的路上，将其一击破坏了。

在特纳亚湖以北1英里的地方，也有一处冰川从侧面侵蚀岩体的例子，相比之下更具典型性，也更引人注目。这里曾是冰川交汇的地方，风貌保存得相当完好，在整个默塞德盆地地区也首屈一指。我在此发现了一系列花岗岩石块，它们独特的排列位置和几乎一致的物理特性吸引了我的目光。很显然这些石块没有被移动多远，它们分明的棱角尚未磨去。追溯其来源，可以找到一条高耸狭长的山脊，一直延伸到大土伦草甸，这些花岗岩石块就从山脊脚下而来。整条山脊从上到下都被冰川刨削过，却只有山脚被带走大量石块。

这些石块数量众多，特征明显，一路循着它们能轻易找到源头。那里岩体间的劈理将自身分裂成平行的片块，前端和冰川的侧面斜向接触，与其前进方向相逆，于是冰川在流动的时候刚好就将石块剥落下来。这就好比我们用手指从麦穗的顶端撸向下方，可以很轻易地将麦粒捋下来。

图 4-4

类似的劈理结构在遭遇冰川侵蚀时，还会出现一种完全相反的状况。如图 4-4 所示，劈理将岩体分成片块，接触冰川时刚好顺着冰川前进的方向，于是这些片块就像屋顶的瓦片一样被层叠起来。因此，当岩体的一侧或是峡谷的岩壁拥有这样的劈理结构时，遭遇冰川侵蚀会出现两种不同的情况。前者石块被带走，导致岩壁受损凹陷，而后者由于和冰川之间的摩擦力，岩壁反而被拉拽得更加突出。

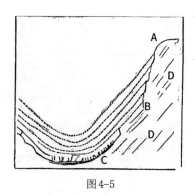

图4-5

图 4-5 是一处岩体的剖面图，位于小优胜美地山谷（Little Yosemite Valley）起始处的北侧岩墙，高约 1500 英尺，曾被冰川侵蚀过。它上面的沟槽、抛光面和断裂处清楚地展现了南莱尔冰川经过时的巨大压力，以及被带走的碎石的数量、大小和形状。图中的

层层虚线重构了该岩石原本的样子，其最表层为延伸到 A 点那条线。这些同心的岩层只留下了 AB 之间的残垣，看起来有点像巨大的薯条。图中 AB 面要比 BC 面更陡峭，两者的劈理和其他结构几乎一致，很显然，如果冰期持续时间更久一点，它俩的特征就会更加一致，直到整个岩体被破坏。

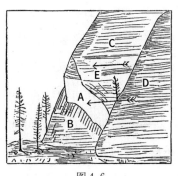

图 4-6

图 4-6 展示的部分，同样位于小优胜美地山谷的北侧岩墙。它倾斜的角度只有 22 度，与其说冰川从它侧面流经，不如说是漫溢其上而过的。A 点附近有一小块垂直于地面的部分，高度约 40 英尺，除此以外，

整个表面都被冰川抛光，并留下众多条纹，条纹走向如图中箭头所示。A 点附近的一些劈理正开始成形，假如冰川作用持续的时间更久一点，这些地方就会破碎掉落，被冰川带走，曾经覆盖在 B 处的岩层显然就是因为这样而消失的。在 A 点周围可以看到从抛光面到棱角面的突然转变，说明冰川在侵蚀的过程中至少有两种方式，一种是将岩石层层打磨，带走磨下来的细沙；另一种是将大块的石头拽落，至于具体大小，则取决于岩体的强度、劈理和承受的压力。这两种侵蚀方式普遍存在于该地区所有的峡谷之中，无论是冰川漫溢而过的岩体，还是冰川从侧方涌动而过的岩壁。假如侵蚀只是以打磨的方式进行，那么所有的峡谷底部应当都是平滑的沟槽，只有断流的地方才会中断。但事实与之相反，几乎每个峡谷的底部都会有棱角分明的地方，还有因岩层断裂缺失而形成的台阶，这些台阶通常高 1 英尺到 10 英尺或 12 英尺，偶尔也有些会高达几百英尺。台阶的高度通常说明了被侵蚀带走的碎块的大小，顺路向前往往可以找到它们的踪迹，有些很远，有些近在咫尺。在冰期临近尾声的时候，冰川融化，它们停下了前行的脚步，恰恰像是给我们留下一堂简明易懂的入门课。

图 4-7

图 4-8

图 4-7 所示是一个典型的台阶，出现在优胜美地溪域盆地的霍夫曼岔口，它最大的高差约 15 英尺，上下表面都被抛光，冰期之后还没有遭到破坏，保持了原有的风貌。

图 4-8 是圣华金上游地区的一个穹顶，海拔 7700 英尺。箭头所指是过去冰川的流向，可以看到石块散落堆积的地方完全符合冰的作用力方向，而岩体被侵蚀的部分刚好可以和这些石块互补。只要穹顶的结构和位置有利于保护散落的石块，那么在其遭受侵蚀的一侧就都能找到它们。

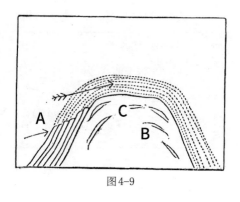

图4-9

图 4-9 中是一个残缺的穹顶，坐落在莫诺小径（Mono trail）的南侧，靠近霍夫曼山脚。霍夫曼冰川曾从这里经过，在镜湖的上方汇入特纳亚。穹顶被冰川之力所侵蚀，如今 A 点上方可以看到残留的同心花岗岩层，厚约 5 英尺到 10 英尺，在 B 点和 C 点可以看到原本岩层的边缘。这是个非常出色的案例，告诉了我们一条宽广深厚的冰川是如何环抱着剥蚀穹顶的。仔细观察上面的条纹可以发现，它的前、后、侧方是同时被冰川侵蚀的，因此穹顶脚下并没有留下任何碎片。我特别关注的是穹顶上方的 A 点，这里承受的压力最大，被侵蚀的部分却最少。这是因为层叠的岩层在受压时刚好是往一处挤，而不是互相分离，结构不容易被破坏，但在穹顶的后方和侧方，情况恰与之相反。

冰川的侵蚀总量

通过简单的观察就能知道，这个地区的山脉从上到下，曾经完全被缓慢蠕动的冰原覆盖，就像如今被大气包裹一样。无论是最高的穹顶，还是最深的峡谷，每一处地表都在冰川的洪流中奋力地挣扎抵抗，却难逃被破坏、消磨的命运。究竟有多少东西在冰川的侵蚀中被带走了呢？冰川前行的每一步都在一定程度上侵蚀着脚下的地表，将一条条山脊逐渐推平，直到坡度过于平缓，或是它自身融化停下了脚步。冰川的侵蚀量往往超出人们的预想，尽管它们的工作进行得非常缓慢，但只要时间足够长，无论是1英尺厚还是成百上千英尺厚的岩层，冰川都能将其彻底搬走。大家普遍认可冰川时代曾持续了几千甚至是几百万年，却没有人真正去计算过冰川的侵蚀量。面对这番壮丽的景象，地质学家们竟不愿相信大自然有足够的时间进行这项巨大工程，甚至不相信她能侵蚀出一条小小的峡谷，而要将这一切归结于耸人听闻的灾变。

倘若这一带的山脉都是由同一种岩石构成，结构均匀，那么我们也许很难轻易找到计算冰川侵蚀量的证据，幸运的是，地质学家们发现情况并非如此。在某几个特殊区域，比如默塞德和霍夫曼地区，山脉顶部覆盖着板岩，周围的小山峰也由板岩构成，从山脚往下那些地方也都被板岩所覆。尽管证据还不够充分，但我们可以认为那些缺失的地方原来也有同样厚度的板岩，从已知的现存板岩厚度大致就能推算出冰川带走了多少岩石。此外，在第三章中讨论过，根据花岗岩的物理结构，可以判断其是否遭到破坏。许多峡谷两侧岩墙的破损部分十分类似，据此可以推测，与峡谷容量差不多相当的岩石被侵蚀带走了。

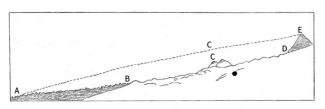

图4-10

图 4-10 是一张从山顶到山脚的理想截面图。BD
之间的花岗岩区域曾经完全被板岩覆盖，厚度足以淹
没中间那些突起，比如 C 点处。在花岗岩和板岩的接
触面附近，甚至是接触面以下相当深的地方，都能发
现岩石或多或少带有一些板岩的结构特征，这让我们
有理由相信，那些放眼几英里都见不到板岩的地方曾
经也被板岩所覆。另外，根据接触面附近带板岩特性
岩层的厚度，也可以估算出如今的花岗岩地表距离原
本的花岗岩面有多深。这样的例子，在土伦流域和默
塞德流域那些支流的上游盆地比比皆是，此处由于篇
幅所限就不详细叙述了。

　　假如我们要把这个区域恢复到冰川侵蚀之前的样
子，第一步要把所有的山谷和沟壑都填平；第二步要
把所有的花岗岩穹顶和山峰都埋上，把整个花岗岩表
面加高到和板岩接触面齐平；第三步，如图 4-10 中虚
线所示，从山顶的板岩面到山脚的板岩面连线，其间
缺失的部分要全部填上，这项工程比前两步更艰巨，

填补的平均厚度达 1 英里，中间区域的厚度不小于 1.5 英里。然而，如今的山顶只是一些残留的尖锐棱角，山脚的岩石则被打磨圆润，即便我们把图中虚线以下缺失的部分都填上，也没有把这个地区完全复原，因为原本的山顶可能要比如今高出好几千英尺。在一些山顶还有残留的冰川，至今仍在侵蚀着那些尖角，降低其高度。据此考虑，山脉西侧的中部区域被冰川侵蚀的深度完全有可能超过 1 英里。到底历经了多少琢磨，剥去多少琐碎，才有了如今山间独树一帜的风貌，不禁令人感叹唏嘘。

第五章

冰期过后的侵蚀

大自然将厚厚的冰盖从群山之上揭去时，也许还不能称之为翻开了新的篇章，不过是将旧的一页完全抹去罢了。地表在冰川的覆盖下经历了漫长的岁月，在暗无天日中被碾压、掩埋，无论是植物、动物，还是各种景观，所有冰期之前的痕迹统统都不见了，就像黑板上的画被擦去一样，留下的只有光滑又干净的一页空白，等待雨雪的着墨和气候的琢磨，等待一切新生命的到来。

所在区域不同，表层岩石的硬度、结构和矿物成分就各不相同，导致其被侵蚀的状况千差万别，再加上各地侵蚀作用的强度不同，暴露程度不一，被作用的时间有长有短，这些都大大增加了地表状况的复杂性和不规则性。比如，山顶遭受的降雪较多，而山脚被雨水冲刷较多，中间部分则受两种作用的交替影响。即使受同一种作用影响，因各地区的高低不同，结果也会大相径庭。以流水为例，在山谷谷底有奔腾的河流，位置稍高一点的支流峡谷就只有细小的溪水，而一旦到了高地和山脊，就几乎看不到水流了。再说雪的作用，有些地方每年冬天都会遭受雪崩之灾，而另一些区域则不然。不过，造成冰期后各地侵蚀状况纷繁复杂的最主要原因还是遭受侵蚀的时间长短不一。山麓的冰已经完全融化时，山顶还要被冰封数万年之久，因此山麓地区往往风化得很严重，一片狼藉，而除峰尖以外的山顶和相当一部分山脉中上部地区则闪亮如新，仿佛未曾遭受过暴风雨的洗礼。

侵蚀山体的几个罪魁祸首中，最不为人知的是山崩落石。这些从山上掉落的碎块大小不一，有些只是细小的沙粒和晶体，随风散落谷底；有些则是庞然大物，在剧烈的地震中崩塌，伴着火光，扬起尘土，撼动整个山体。引起山崩落石的因素有很多，如湿度、温度、风力、地震等，它们的作用范围和强度也大相径庭。在山区的中部，干燥的夏季已平静度过，一场暴动正悄悄孕育着，耐心等待冬季第一场风雨的到来。终于，雨水打湿了山体倾斜的表面，洗去石缝间的腐质，冰结霜冻将这些缝隙凿开，然后一场如暴风雪般的山崩落石开始了。大规模的山崩只在冬天发生，但一些小规模的几乎每个月都可能看到。山崩通常开始于一阵低沉的隆隆声，接着是一串嘎吱嘎吱的断裂声，然后一块重达百吨的巨石滚滚而下坠向悬崖，随后许多质量较小的石块纷至沓来，它们受摩擦阻力的影响更明显，因而落在了后面。我们的目光可以追随领头的巨石，眼看它腾空的笨拙姿态，欣赏它第一次的狂野之旅。只见巨石顺着山体平滑的曲面一路滚落，撞到岩墙的棱角时如星星般旋转。沿途的突起令它发出沉重的叹息，声音仿佛穿过了暴风雨的黑夜传入耳中，有一股莫名的震撼，当它最终坠落谷底时，整个大地都为之颤抖。

1873年3月12日，我正好在三兄弟岩中老二的山脚，亲身经历了一场壮观的山崩落石。一股岩石的洪流在山间横冲直撞，挥洒着难以言表的狂野激情。沿路扬起的灰尘像沸腾了一般翻滚着升起，直达山顶，在平静的天空中逐渐飘散开来，化作一层朦胧的云。这个地方显然发生过多次类似的山崩，可能是长石和花岗岩交错的结构经年分解所致。

地震是导致山崩落石的重要因素，尽管在这一带的山间并不经常发生。许多高耸的石柱和崖壁屹立在冰期后的第一场暴风雨中，激流从它们脚下流过，风雪从它们光滑的侧身掠过，然而这些侵蚀作用有如浮云一般轻描淡写。最终，一场大规模的地震到来，新生的山脉在这动荡中摇摇欲坠，成千上万的落石从峡谷的岩壁和山体的侧面一同滚下。每一条峡谷腹地，每一座高山脚下，都留有冰期后第一波地震的记录，这对地质学研究来说非常重要，那些令人称奇的悬崖飞石和独具特色的峡谷风景十有八九与此相关。地震中的落石，大的能有 500 英尺到 1000 英尺高，表面长满了云杉、松树和橡树，它们大都在落下之后就再没移动过，也没改变过姿态。

1872 年 3 月 的 大 地 震 摧 毁 了 孤 松 镇（Lone

Pine），剧烈撼动了周边的山脉，许多新的落石景观应运而生，我有幸目睹了其中一个。

在某种意义上，山崩落石和流水的侵蚀作用并无太大差别。石块伴随着沙尘沿固定的线路从山顶滚落，不断冲击、侵蚀着沿路的地表。

这个过程中，落石本身也有相当的耗损，为它们的下一段旅途做好了准备。有些变小的石块直接掉入河中，随着流水而走，最后来到了大海。

山崩落石的发生范围总是严格限制在一些狭小的区域里，支离破碎的山尖通常是落石的发源地，而在地震的摇晃中，落石也会产生于一些深谷两侧的岩壁和向下的斜坡，一般在距离震中 12 英里到 15 英里范围内。

有些巨大的落石从上百甚至上千英尺高的空中直接坠落，重重砸在谷底，腾起石粉的蘑菇云；有些则顺着台阶跳跃而下；还有些像瀑流一样从凹凸不平的斜坡滑落。但不管怎样，从整体来，看这些落石形成的是一股松散的碎石流,而与之相对应的是山体滑坡。后者往往是整体的下滑,除非有悬崖峭壁横断进路,否则直到停下来也不会散开,朝上的表面始终朝上。另外,两者在地理分布上也有显著区别,滑坡一般发生在山体的下半部分,尤其当河岸或山麓一侧被严重侵蚀之后,其开始的位置恰是山崩落石结束的地方。再者,滑坡的部分主要是已经严重腐化的石块和细碎的泥土,而山崩落石几乎都是未风化的棱角碎岩。

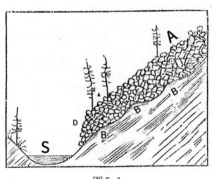

图 5-1

图 5-1 是某山谷的横截面图，冰碛 A 堆积在倾斜的基岩 B-B-B 上。类似这样的石堆，距今较近的总是更加陡峭，而那些年代久远已腐化的则坡度会变得平缓。如果将酸性的泥土覆在坚硬的岩石上，过一小时或一天不会有太大影响，一旦经过上千甚至上万年，岩石最终会腐烂瓦解。在堆积成堤的冰碛上，大自然孜孜不倦地进行着这项工作。冰期结束后的很长一段时间里，鲜有酸性物质，但是当地表植被渐多，它们的腐烂物提供了丰富的酸，岩石的腐化也在加速。图 5-1 中的 ABD 部分是整个冰碛最薄弱的地方，当腐化进行到一定程度就会发生滑坡，最后的导火索可能是一场地震的到来，也可能是雨雪的积压，又或是溪流的冲击。

冰期后第一次山体滑坡的原因似乎很单纯，就是年头太久了。毫无疑问，滑坡首先发生在山脚下的冰碛堆上，然后逐步向高处延伸，直到现在我们看到的位置。其进展快慢受到多方面因素的制约，包括整个冰盖的消退速度，冰碛的牢固程度，以及石块腐化的效率等。这一带的山脉间，冰碛的构成物基本一致，暴露程度也相当，因此滑坡上缘的高度相差无几，在群山间连绵成一线，看起来就像雪线一样。

上述山体滑坡从来不是孤立发生的，小规模的发生后，更大规模的总是接踵而至，好比森林中的不同树木，顺应土壤和气候的条件绵延成片。图 5-1 中位于冰碛最低处的 ABD 部分滑坡后，整个石堆最终会从基岩 B-B-B 上下滑，一方面是由于堆积的石块腐化加剧，另一方面是因为下方的基岩遭到侵蚀。支撑整个石堆的基岩或多或少有些凹凸不平，长年的腐化令其变得更加平整，难以让上面的堆积物继续停留。而且，石堆中的石块因粉碎而吸收了更多水分，整体重量不断增加。基岩的支撑能力逐步下降，而石堆所需的支撑力又日渐增加，最终导致整个石堆下滑。

上述这种类型的滑坡范围很大，波及好几英亩地，缓慢的滑坡停止后，上方的植被很可能完好无损，只有地表留下的宽阔裂缝标志着这一切的发生。而另外一种类型的滑坡，看起来像是四处乱窜的泥浆流，快速流向底部。这一带山脉的北侧比南侧更加潮湿，石堆的腐化和增重更迅速，山体滑坡的发生也更频繁。滑坡发生后往往会阻塞山间溪流，造成大量积水，而后大水冲破阻断，淹没下方的山谷，刚决堤的水流能承载重达数吨的岩石，当然那些细小的石块会被冲得更远。

纵观整个地区，两种类型的山体滑坡对地表的侵蚀都非常有限。同山崩中的落石流类似，滑坡也会磨损途经的地表，并把一些物质带到低处，在那里它们暴露身姿，更容易腐化开裂，最后被暴雨冲刷、侵蚀。但相对于整个地区的地表来说，山体滑坡能影响到的范围微乎其微。

侵蚀山体的另一个凶手是雪崩，它来自外部，特立独行。无论是和山崩落石相比，还是和两类山体滑坡相较，雪崩的作用更加简单明了。它的影响范围也很小，而且也只能将碎屑移动一小段距离，堆在悬崖脚下或是斜坡上。在这一带的山间，会发生三类截然不同的雪崩，它们在结构和地理分布上可以明显区分，影响地貌的程度和重要性也各有千秋。最常见的第一类雪崩出现在大量降雪之后不久，它的形式最简单，主要由刚降下的细碎雪花构成，只要山坡足够陡峭就会发生。高耸的山尖周围，各方面条件最合适，这类雪崩也最频繁，当然，在山脉的中部也很常见。细碎的干雪落入一些像圆形剧场般的凹地，挤压形成粒雪或冰，为冰川添砖加瓦。要是没有风暴来袭，它们还会沿着固定的线路从冰川上滑过，留下优雅的身姿，形成一系列蔚为壮观的雪雕。一些浮在冰川表面的碎石，就像漂在河流上的稻草一样，一路朝着冰碛而去。

在平原地区工作的人们很少有机会见识到雪崩的壮观，它就像一场热情奔放的大型表演。当雪崩在风暴中现身，成群的雪花挤满了天空，白昼也变得昏暗，低沉的隆隆声回荡在峡谷间。在优胜美地这样的地方，短短几小时之内就可能目睹多场雪崩，每次我都会目不转睛地欣赏它们高贵的姿态，直到风暴停息，云开日见。

上述这类雪崩结构松散，下滑时分崩离析，因此破坏力并不强大，由于携带着一些碎石，其经过的地方会留下刮削的痕迹。这些碎石随着雪崩落下山崖，冰雪融化后就留在原地，年复一年堆积起来，同冰期后大地震中形成的落石堆相比，两者差别很大。后者一般呈灰色，覆盖着缓慢生长的地衣，上面还有松树、云杉、橡树等植被，而前者因为每年都在新增碎石，没有给地衣和树木留下生长的时间，始终保持着本色。另外，尽管在优胜美地雪崩常年发生，自冰期以来一直沿着几乎同样的路线堆积石块，但还没有一处雪崩带来的石堆可以和大地震中短时间掉落的石堆相提并论。

第二类雪崩，一年只发生一次，其构成主要是反复融冻后形成的大量结晶雪。一些9000英尺到10000英尺高的山脉背阴处，坡度不太陡峭，可以留住每一次的降雪，历经整个冬天的侵袭。冬去春来，气温回升，大地开始解冻，这些积雪的下表面会结成冰，令山体表面变得更光滑，于是雪崩就应运而生了。

位于优胜美地山谷入口处的云歇峰北坡是欣赏一年一度大雪崩的绝佳地点，雪堆会从光滑的花岗岩表面倾泻而下，落差近 1 英里。有一次，半小时之内我就目睹了三回这样的美妙场景。在里本（Ribbon）流域和瀑流溪（Cascade creeks）之间的分水岭北侧，以及内华达峡谷上游的地区也有不少好的观测点可以欣赏这类雪崩。它们的整体重量和致密程度都要远胜于第一类雪崩，因此剥蚀山体的能力也要强很多。如果雪崩在前行途中没有悬崖阻断，会逐渐形成一个坚硬的前缘，刮削岩石表面，不断带走碎屑。前缘的中间比两侧更坚硬有力，最后留下的石堆呈弯曲状，看起来有不规则的同心纹路。有几个石堆规模特别大，从雪崩的路径来看，一次性从岩石表面带走的碎片根本不可能有这么多。然而，当年复一年的石堆累积到一起，这时候又因降水、气温和积雪等因素综合作用，来了一场规模特别大的雪崩，能量远远超过前些年的，就会把多年积攒的石堆和一些别的碎块推到一起，形成一个超大的堆垛。可见，对于观察到的特殊现象，总能在一系列杂乱无章中，找到与之相应的规则。

除了一年一度的大雪崩，还有第三类规模更大的雪崩，我们不妨称之为世纪雪崩。它们发源于10000英尺到12000英尺高的雪山上，严寒令那里的积雪经年不化，一般也不会滑坡。年复一年的降雪累积在一起，在各方面因素汇聚，时机酝酿成熟前，通常看不出什么变化。而当温度、雪量、雪况等刚好合适，或是遇上一场大地震，盛况空前的世纪雪崩就发生了。它们俯冲下山，一路摧枯拉朽般将森林推倒，连同表层的泥土一并带走。

世纪大雪崩途径的道路可达200码宽，从树线一直延伸到谷底，那些被摧毁的树木清楚地指示了路宽，许多撕裂的树根中还夹着尖锐的石块。道路两侧一些幸免于难的树木，用伤疤告诉了我们雪崩的深度。偶尔还能看到一棵高贵的冷杉屹立在路中央，它无比坚强地挺过了雪崩之灾，断肢折臂伤痕累累，同样用伤疤记录下了雪崩的深度。通过树龄可以判断，这类雪崩上百年甚至更久才会发生一次，它们在三类雪崩中规模最大，威力也最强，但对地理、气候等因素要求苛刻，因此十分罕见，对山体的侵蚀总量反而比前两类要少。

在侵蚀地表的过程中，水是一个重要角色，雨、露、霜、雪，各种姿态的水携手空气，或多或少地剥开了整个山区的表面，为风暴、河流、雪崩等的到来做好了铺垫。人们通常认为，流水是侵蚀大军中最重要的一员。冰盖逐渐融化后，最早露出真容的地表历时至今并非一成不变，通过一些测算，我们可以知道冰期后的侵蚀量。那些发源于河流的古老国家，经常有谚语盛赞河流的"永不停息"，甚至一些地质学家对此也深信不疑。

从冰川的脚下开始，循着涌出的水流在山谷间徜徉，我们会看到流水经过的石头在逐渐弱化，而且越往下游去弱化越严重，这表明水流的起始处正在向上推进。纵横交错的溪流好比一棵大树，最初只有根部，随着冰盖的消退不断向高处生长，变得枝繁叶茂，干流和支流都越来越宽、渐行渐高，如今最上方的细小支流还在发育之中。

把溪流比作一棵没有叶子的大树，就很容易让人理解，也抓住了最显著的特征。我们从下游往源头追溯时，每到一个支流分叉的地方，水流就会变小，最后连河道和水声都消失了，然而水流并未消失，只不过变得太小，不足以侵蚀出河道，也不足以发出明显的声音。如果碰上下雨，在山上任何一处俯下身来细细观察，都会看到在那些没有河道的地方，细小的分支仍在不断分叉和延续，编成叶脉状的水网，最后无数的细流织成一张水幕。

换言之，这些水流更像是一群巨大的藻类，裸露着身躯，不断开裂分叉，在地表平铺开来。那些不分叉的丝状体不断延伸，一路穿过干燥的低矮山丘；而像网一样张开的枝状体则遍布雨雪丰富的山峰和山腰，还有冰碛、沼泽、冰坡等地；成片的叶状体轻轻拂过洼地，化作一个个小水塘，同时抹净了沿路的尘埃和云母粉。如果没有陡峭的斜坡，较大的沙粒并不会轻易移动，花岗岩破碎掉落的石英、角闪石和长石颗粒会成为沿路的阻碍，留下蜿蜒崎岖的涓流。一旦涓流汇聚成小溪，各种碎屑和小块就会被冲走，在溪流中翻滚或悬浮，就像风中的沙尘一样。

陡峭的山坡上急流飞泻而下，其搬运能力超乎人们想象。重达数吨的巨石随急流冲入峡谷，像漂浮水面的木头般顺道前行，最后凌乱地堆积在谷口，形成一些三角洲。巨石在峡谷中碰撞、摩擦，造成的破坏不容小觑，沿路往往会留下明显的痕迹。

湍流不断冲刷着河道，由于劈理面发育而与基岩松脱的碎石很快就会被冲走。在优胜美地瀑布上、下游的峡谷以及镜湖上方4英里处的特纳亚峡谷，都能清楚地观察到这类侵蚀作用。在所有我见过的流水侵蚀中，它是效率最高的，但由于分布范围较小，侵蚀总量非常有限。

水流同样会溶解一部分岩石中的物质，将它们带走，然而对于坚硬无比的花岗岩来说，这种侵蚀微乎其微。这一带的中部地区，海拔偏高的地方有很多冰川抛光过的花岗岩面，在冰期结束后长年裸露着，不断受到水流的溶解和冲刷，但被侵蚀的部分甚至不足百分之一英寸。

细小的尘土、沙子、云母片和其他一些碎屑随风飘散或随水漂流，不断向低处移动。而那些巨大的石块却很少挪动，即使是山间最大的河流往往也无能为力。找一处坡度较大且铺满巨石的河流，躺在岸边静静聆听一两天，也许会有一次沉闷的砰砰声，那是河中巨石移动时发出的。在山谷洪水泛滥的时期，水流比平时大好几倍，许多不稳当的巨石早在那时就腾挪完毕，如今的水流很少有能撼动它们的。每年冬去春来冰雪融化的时候，山间河流都会经历一次洪峰，一些不牢固的堰塞处和碎石滩被冲走，形成新的堆积。

只有冰期过后被侵蚀的部分，会以泥土、沙粒、碎屑和水溶物的形式走出这片地区，经过或长或短的时间来到平原甚至海洋。这一发现在地质学考察上很有意义。在土伦河流经的峡谷底部，有一连串的湖盆，从莱尔山脚下一直延伸到赫奇赫奇峡谷，每个湖盆里面都堆满了石块，中间有水流经过。这些石块中很大一部分是曾经漂流下来的巨石，但它们没有连续地从一个湖盆移动到另一个，而是在河岸上一躺就是几个世纪。巨石上面披覆着植被，高大的糖松和冷杉引人注目，这告诉我们，它们虽一直被水流冲刷，却并未挪动身姿。在树木生长之前，一定是冰川融化的洪流将巨石带到此处。远古的洪流威力巨大，在山岭两侧都留下了不少宏伟的足迹，可却没能把任何一块巨石带到这里的低海拔地区，连土伦河和默塞德河的河口都到不了，更别说遥远的大海了。在赫奇赫奇湖盆的下半部，从西侧往下大约一半的位置，在河水的能见度范围内，可以直接观察到沙子和淤泥正不断堆积，高度已相当可观。河流缓缓经过这个冲积堆，来到湖盆口，从坚实的基岩边缘淌下，据此可以判明，在冰川期后，没有巨大的山石到过这里。在默塞德山谷中，差不多的位置也有类似的湖盆，提供了更好的证据。

霜冻对这个地区山脉的侵蚀作用极小，海拔较低的地方几乎不受其影响，而高处整个冬季都覆盖着皑皑白雪，没有它出现的机会。唯有每年的10月和11月，降雪尚未到来时，10000英尺至12000英尺高的地方会有短暂的霜冻。当浅浅的水淌过岩石的缝隙时，骤然的冰冻会将其撑开，不过一般并不会令它移动。霜冻令坚固的岩石松动，变得更容易被大水冲走，然而它的作用范围实在太有限，纵观整个地区基本可以忽略不计。

冰期后整个山区遭受的侵蚀中，占最大份额的是大气的风化作用。它无所不在，一刻不停，其他侵蚀作用加起来都难以与其匹敌。没有一座山可以逃离大气的蚕食，那些冰川雕刻的地貌特征因此而变得模糊。山脚在水流中饱受磨难，山顶则在气流中历经锻炼。风不断吹过参差不齐的山峰，变幻着各种姿态，带来了不可忽视的影响。山石表面崩解的小颗粒会随风来到低处，要是再遇上强风，它们又会被抛向树林或是较高一点的地表。看看那些在风中凋零的枯树干和日渐消磨的巨石，就能知道大气风化作用的厉害。

　　一块巨石落到被冰川刨削、磨光的地方后，刚好可以保护其下方不受雨雪侵扰。随着岁月的流逝，周围逐渐被消磨，唯独巨石遮护的地方安然无恙，成为支撑它的基座。图 5-2 中巨石 B 位于冰川退去后的岩面上，保护着下方的部分，直到基座 A 形成。显然，基座 A 的高度就是这个地方冰期后遭侵蚀的总高度。在该地区中部的花岗岩区，有不少类似的基座，巧妙地记录下了侵蚀总量，令人称赞。部分基座上面巨石仍然屹立，有些则因变得太小，上方石块无法保持平衡而滚落，只留下光秃秃的基座。正因如此，在一些风化特别严重的山坡上看不到大的石块，大自然已在数百上千年间，悠然地将它们轻轻推落。

图5-2

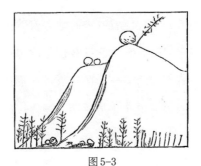

图5-3

如图 5-3 所示的山岩在中部花岗岩地区比比皆是。它们的顶上经常长有一棵孤独的松树，随风歪向一边，就像一顶羽毛帽，还会伫立着一块飞来石，仿佛是谁故意摆上去的一样，这般奇妙景象让很多登山者兴奋不已。这些飞来巨石能够稳稳当当待在那里，至少表明它们脚下的岩面还没被严重侵蚀。

在冰川刨削过的岩石纹路中，石英和长石的成分非常耐腐蚀，在其周围被侵蚀后会像浮雕一样显现出来，可是它们很少能达到 3 英寸至 4 英寸高，稍微露得多一点就会碎裂，失去曾被冰川打磨过的部分，因此用它们来估算冰期过后的侵蚀量毫无意义。只有中部的高海拔地区，长石晶体大约凸显了 1 英寸，冰川刨削的痕迹尚在，可以用来测算那里的侵蚀量。

基于简单的调查，山间这些侵蚀地表的因素，有些是经年累月的，有些是偶尔发生的，给人的第一感觉是似乎侵蚀总量非常庞大，可事实恰恰相反，这里的岩石如此坚硬，暴露在外的时间又如此短暂，因此几乎没受到什么破坏。在海拔较高的地方，冰川抛光过的表面被侵蚀的部分只有百分之一英寸，往下一些的地方，冰川的刻画也没能被抹去。从两岸保留下来的冰川痕迹看，那些山崩和洪流的影响也极其有限。在地势最低的地方，冰川刨削的地表特征已难寻觅，我们需要通过在峡谷岩壁上钻孔勘测，观察峡谷底部的形状和地貌特征等方法综合考量，估算出冰期后侵蚀量的近似值。

经过各方面的汇总计算，结论是：在该地区方圆25英里到30英里范围内平均海拔以上的地方，冰期过后的侵蚀总量不超过3英寸；在海拔较低的地方，侵蚀量大大增加，可能有好几英尺，但不管怎样都没有改变总体地貌。对比来说，在那些冰川侵蚀超过1英里厚的地方，冰期过后的侵蚀连1英尺都不到。

无论是温暖的山脚，还是严寒的峰顶，这里的山脉依然严格保持着冰川雕凿塑造的姿态。日夜奔流的河水只留下浅浅的皱纹，惊天动地的山崩只画出细细的伤疤，连年的风吹雨打不过让表面稍稍模糊，所有这一切还不如人类经历一个寒冬后脸上留下的沧桑。

第六章

土壤的诞生

大自然在山脉两侧的熔岩、板岩和花岗岩地带深耕细作，翻犁超过 1 英里，带来了肥沃的土壤。前文中涉及了冰蚀和冰期过后的各种侵蚀，细述了构成土壤的碎末是如何从坚硬的岩石上剥离下来的，下面要研究的是这些掉落的碎末最终如何形成了植物生长的沃土摇篮。

山脉两侧的土壤总量并不多，平铺开来只有几英尺厚，即便把它们统统移走，也不会对这里的地貌有多大影响。放眼望去，山间处处是裸露的岩石，大片的土壤都很浅薄，少有平均厚度超过 100 英尺的。然而，有一点毋庸置疑，在没有雨雪、山崩、洪流、地震等的帮助下，冰川曾独自在山脉西侧深深地犁了一遍地，深度超过 1 英里，带来了丰富的土壤，而如今弥留在那里的不足总量的千分之一。

冰川既是土壤诞生的主要原因，又总在前行过程中把刚生成的土壤顺路带走，因此整个山区的土层非常匮乏。在漫长的冰期，组成土壤的成分不断从大冰盖下涌出，随之下滑，在大冰盖的终碛堆积。这些远古大冰盖留下的冰碛早已面目全非，唯有上面的土壤层保持原貌，孕育着山间一片美丽的森林。这片森林沿山脊的西侧铺开，宛如一条柔顺的飘带，裹在4000英尺到7000英尺高的地方起伏，越过成百上千个山丘和洼地。有些地方土层丰满，宽20多英里，深达100英尺，但总体来看土壤分布的宽度和深度都极不规则，像一圈残雪在太阳下消融时的样子。冰盖遗留下的沉积物有深有浅、时陡时缓，很大程度上决定了土层的特点，而长时间的风化作用和雨水侵袭也令其边缘更加杂乱无章。此外，每隔15英里到20英里都会有一条河谷从中间近乎垂直地穿过，令它断断续续。在冰盖堆积主终碛、覆盖土壤层的岁月里，每一条峡谷中都有冰川经过，好似一根根纤纤玉指，将主终碛挡在了峡谷之外。

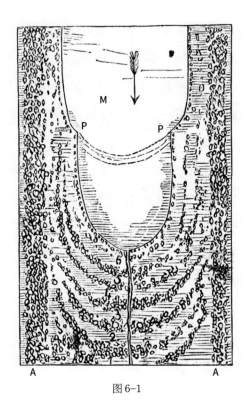

图 6-1

　　参考图 6-1，可以简单了解终碛土壤带是如何形成的。图中冰碛湖脚下的血腥峡谷（Bloody Cañon）内冰川正不断消退，A-A 两侧是冰盖堆积的主终碛，中间则是一道从湖盆下方一直延伸到莫诺平原（Mono Plain）的支流冰碛，数字1、2、3、4、5、6标出来的同心弧线带是一条条终碛土壤带，它们在冰川后退的过程中依次形成。

这些土壤带之间相距20码到30码。在1号带完成之后，冰川显然快速后退了一段距离，直到遭遇气候冷暖变化或是连年大雪，它又停下了脚步，腾出时间来堆砌2号带。以此类推，在阳光灿烂和大雪纷飞的交替下，在融化与冻结的轮回中，冰川的后退时急时缓、一步一停，留下了一轮又一轮的冰碛。图中P-P之间的部分是终碛土壤带的末端，一部分已经被湖水漫过。

类似的波纹状冰碛一直延伸到很远，说明冰川在消退的过程中有多么恋恋不舍，这些事实都和之前的研究相符。假如冰川在到达莫诺平原后一口气消融殆尽，而非这般苦苦挣扎，那么这一道宽阔的土壤带就不会诞生；要是大冰盖在覆盖整个山脉西侧后的某个时刻一次性融化，那么如今绵延一侧的广袤土层也就不复存在。好在这样的情况没有发生，冰盖和冰川没有像日出云开般突然消散，它们以庄严而优雅的步伐，从低到高缓缓而行，迈过一座座山丘，跨过一条条峡谷，在身后排出一道道美丽的土壤带，成为山间植被和各种生灵赖以生存的基础。

在漫长的岁月里，风雨像耙子和滚筒一样，不停抚平高低不一的土壤带，但它们的工作效率实在太低了。比较图 6-1 中血腥峡谷那几条隆起的同心弧状终碛土壤带，越靠近平原方向的越不易辨识，好似地里的田垄，在不停的翻耙中逐渐消失。血腥峡谷中不同的土壤带，诞生时间相距好几千年，然而这点年岁的差距还不足以让彼此间有明显区别，通过实地测量可以很好地验证这一点。整个山区所有的冰碛地带都在缓缓发生着变化。一些细碎的泥尘和树叶从隆起的终碛带掉落，随风雨填进了彼此间的沟壑。另外，由于地表风化作用，石块上的碎末不断掉落，逐渐在底部堆积，将自身掩埋，石块本身则变得更加光滑。山脉西侧这片壮观的林地，其实是植根于冰碛之上的。人们认识不到这一点有两方面原因，其一它绵延广阔，不易纵观全体；其二它表面风化太严重，平整得好似一片麦田。

山间林地植根于冰碛的观点很容易遭到强烈攻击，因为从溪水冲开的地方来看，对比新近形成的冰碛，相同位置的部分差异很明显。但是，只要进一步仔细研究，把冰碛的表面粗糙度和崩坏情况对应于不同的形成年代，就会发现两者不过是冰碛在变化过程中的不同阶段罢了。

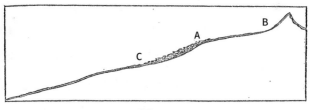

图6-2

在一定条件下，冰碛的下方比表面分解得更快。它们的腐化经历了一系列不同阶段，每个阶段的例子在林区都能找到。例如，被流水打磨圆润的石块更加耐腐蚀，因此在年代较久远的土壤里出现率更高。图6-2所示的剖面图为土壤带在山脊一侧的理想分布图。从山顶往下，有一块较平缓的区域 AB，土壤带的上缘基本和这个区域相接。在这片微微倾斜的基岩上，逐渐消融的冰盖曾经停留，它不断变浅，最后开裂成几条细小的冰川，占据着如今是河谷的地方。这些小冰川留下一条条覆盖土壤的支流终碛，彼此相隔好几英里，从山顶的冰源地开始向下延伸，最后都和广阔的土壤带相汇合。抛开事实，大胆假设整个冰盖在融退过程中未开裂，直到冰期末还能连续成片，那么所有的终碛会相互挨着，覆盖整片地表，而土壤会均匀地在基岩上铺开，绵延到山顶。这种情况完全有可能出现，图 6-2 中 AB 区域的上下高差很小，海拔和大片土壤覆盖的 CA 区域也很接近，气候条件非常类似。当然还有另一种可能情况，当冰期临近尾声时，冰盖和冰川骤然失去活力，在整个上部地区一下子消融殆尽，那样就不会留下终碛，我们将只能在山顶的阴影处找到些许冰川的残骸。

不要小瞧阴影的作用，它们对一些冰川土壤层的构成、大小和位置分布有着不可忽视的影响。当季节变暖，蜿蜒如蟒的巨大冰川被阳光驱逐，分散为成百上千条小冰川苟延残喘，它们从半英里到二三英里不等，徘徊在寒冷的阴影处，长达几个世纪。造访高处的阴冷洼地，可以找到曾藏身于此的冰川留下的冰碛，其范围和庇护它们的阴影完全一致。这些躲在暗处的冰碛，相当一部分还在发育中，好像卡车刚把山上开采的石块、泥沙等随意倾倒于此，呈现出一派最原始的样子。无论是阴影下的冰碛，还是那些鲜花盛开、绿树成林的土层，在优胜美地式的东西向深谷中普遍存在，然而历经几千年的风吹雨打，它们最初的面目早已磨灭，谁也想不到它们都曾源自委身于阴影处的冰川。

除了平坦的宽阔地带和秩序井然的终碛堆上，冰川土壤还出现在很多不可思议的高处，或呈带状或呈块状。只要有大块岩石的地方，强大而温柔的冰川就能逗留，就会在那开石铺土，不论是耸立的悬崖还是陡峭的绝壁。在这些人类难以涉足的土壤带上，松树和各种高山花卉自由生长，宛如峭壁上一抹波浪形的刘海，给高傲冷艳的冰刻石雕平添一份温暖和生机。

在冰川土壤层经历的岁月里，最耀眼的时期是其诞生之初，那份顽强和坚韧令人称赞。那时的山上，狂风暴雨不歇，山川洪流肆虐，仿佛在短短几个季节里就会把每一寸冰碛都赶下山去，然而上千年过去了，这些身在高处的冰碛几乎完好地留存了下来。相对来说，低处的冰碛要古老得多，它们在时间的长河中不断重组变化，早已失去原来的面貌。

新生的冰川土壤还将经历一系列演化，从中获得各种特性。来自花岗岩、板岩和熔岩的粗糙颗粒，在雪和水的滋润下成为最原始的冰碛土壤，它们是针叶类植物的栖息地，但还不能吸引灌木和花草的到来。第一步改良来自缓慢的大气风化作用，土壤变得更加细润柔滑，渐渐披上灌木和花草的外袍，同时也能更好地支撑那些高大的松树和冷杉。此后，融雪和雨水进一步影响着土壤的变化。众所周知，湍急的水流猛烈冲刷，迅速地改变着河床的样子，而一些悄无声息的涓涓细流同样在不停工作，不过流水的作用往往被人高估。在优胜美地山谷的上方有一座云歇峰，山峰的南侧淌下一股溪流，一路向南最终汇入内华达溪。它在半道上遭到冰碛阻挡，这些内华达冰川的遗物令其改道向西。溪水顺着冰碛的外沿继续流淌，直到遇见从云歇峰延伸下来的陡峭石壁。在冰碛和峭壁之间，流水停下了脚步，漫延成一片池塘，直到水位超过边缘的最低处。通常情况下，这条溪流的宽度在 5 英尺左右，冰期过后的漫长岁月里，它几乎没有变过河道，但途经的冰碛并未遭严重腐蚀，只是一些沙土和小碎块被水带走罢了，堆砌成墙的大石块在上万年的冲刷下仅仅变得更加平整和光滑而已。土壤层能否长久保持取决于其所在位置和物理结构，而非它们的组成成分。粗糙而空隙较多的冰碛土，允许雨水和融雪从中间渗过，可以长久保持，而河床表面不易透水的泥层则容易被冲刷殆尽。

冰期过后，雪崩对土壤的形成和分布有一定影响，其手法和之前的冰川最为相似。百年一遇的世纪大雪崩席卷了沿路的一切，几乎所有的树木都被推倒，和各种土壤、碎石混杂一处。大多数被连根拔起的树木树冠朝下挤堆在一起，有一小部分连同碎石、树叶和果子一起下落到山谷，堆积在雪崩到达的最前沿，成为一种终碛。

一年一度的雪崩也会带来土壤类的堆积物，形式上和冰碛相似，有 40 英尺到 50 英尺高。其构成主要是泥土、沙子、颗粒状碎块和棱角碎石，有时候因为途经溪流河道，也会混入些卵石。

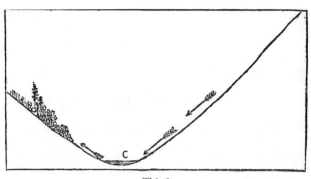

图 6-3

　　云歇峰最大的一次雪崩，奔泻而下，垂直落差达 1 英里，留下壮观的足迹，一直冲过特纳亚溪，到达对岸超过 100 英尺高的地方，许多溪流中的卵石和碎石也随之被带了过去，如图 6-3 所示。每年的春汛都会给这里的溪流带来新的卵石和石块，然后年复一年的雪崩则耐心地一次次将它们推向对岸的石堆层。千百年后，雪崩带来的石堆层中卵石占了相当大的比例。位置较高的地方生长着树龄超百年的大树，可见在最近一段时间里，并没有能到达这里的大雪崩。石堆层的下方没有植被，石块还都是原始状态，和河床里的并无二致。

山崩落石同样也会带来土壤。优胜美地的悬崖峭壁上，偶尔会看到直径 8 英尺到 10 英尺的巨石从天空呼啸而下，就像夜空中拖着长长扫把尾的彗星一样。当巨石落地，砸在其他石块中间，整个大地为之震颤，低沉的隆隆声如雷贯耳，溅起的碎末好似瀑布下方的水花般腾起，土壤应运而生。

这种靠落石挤压、粉碎带来的土壤层看似非常适合树木生长，但其数量实在太少，而且扎根其上的树木时刻都冒着生命危险。有些悬崖底下堆积着光秃秃的土壤层，附近的岩石通常是长石，它们不断开裂，几乎每年都有落石发生。因此，尽管土壤层逐年递增，却不能孕育植被。另一种情况是地震中发生山崩落石，粗糙的土壤层一下子形成，之后几乎不再增加。由于这种突发状况百年难得一遇，这些土壤层一旦适合植物生长，很快就会被树木和花草占据，用一抹绿色抚平地表的崎岖嶙峋。

对于突发的山间落石，人们的第一印象是杂乱无章。大量石块在某个时间突然坠落山崖，威力巨大，毫无规则地堆成一堆。然而，在自然界中，任何一个粒子、任何一个事件都是有规律可循的，无论是冰川的缓慢运动还是山崩落石的骤变。巨大的石块在下落过程中受到的空气阻力相对于其重量来说微不足道，因此会飞得更远；落地后地面摩擦力能起到的阻碍作用也很有限，因此它们在谷底滚得也较远。细小的颗粒和沙子基本都掉在崖壁附近，或是落到石堆上面，而形成石堆的碎块则介于巨大石块与细小颗粒之间。如图 6-4 所示，不仅纵向上的分布很有规律，横向来看也排布得井然有序。图中 AB 段是一处落石流的出口，倾斜着靠近悬崖底部，流动的石群 F 正通过这里往谷底而去，其中一部分偏离了原来的路线落到左侧。落石流中较大的石块滚得更远，到了 H 的位置，形成石堆 E，而较小的石块则在 D 处堆积。另外，体积大到一定程度的石块会脱离原路线，落向 C 处，成为粗石堆，而那些体积最小的尘土可以飘出很远，无声地落到地表，仿佛露水沾湿了地面一样。

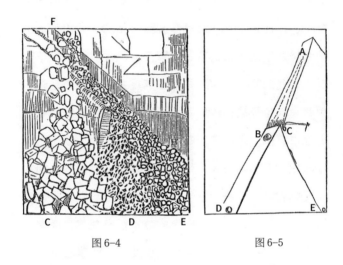

图6-4　　　　　　　　　　图6-5

在某些峡谷的岩壁上，斜向的劈理发育得很充分，如图6-5所示。假如有两个石块在 A 处发生剧烈碰撞，那么质量较大的石块 B 会跃到下一段斜坡上，最终落到 D 处；而较小的石块 C 则会顺着另一段斜坡最终落到 E 处。两块落石最后的着地点可能相距100码，甚至更远。据此推论，落石流经过此处时就会分流，不同大小的石块和土壤颗粒会堆积到不同的地方，就像在磨坊里把麦糠、麸皮、面粉分开一样。如此形成的不同的土壤层上，生长着各种植被，根据其中最古老树木的树龄，大致可以判断每个土壤层形成的时间。

大约 3 个世纪前，冰期过后一次罕见的大地震发生了，各地都出现山崩落石，数千英亩的肥沃土壤突然间一下子堆积到众多幽深的谷底，之后的日子里，如此大规模的地震再没有发生过。尽管源自偶然事件，这些土壤层是该地区变化最小的，经久不衰。那些嵌在土层中的石块，除了偶有落入谷底河道的，自始至终几乎没挪动过位置。惊天动地的大地震堆起了不少的土壤，而在之后的日子里，大气和水滴悄悄地分解着坚硬的花岗岩，以润物细无声的方式不断生成蓬松的土壤。位于优胜美地山谷边缘的沃特金斯山（Mounts Watkins）和酋长岩上，有一些 8 英尺到 10 英尺厚的土层，其中的分解作用进行得悄无声息，几乎完全保留了原来的结构。那些石英、云母和角闪石都还在原来的相对位置上，只不过已经完全沙化为土，拿铁铲稍一用力就能掘起一块。这类长年保持稳定的土壤层，在整个山区占据的范围很小，能够供养的植被也微不足道。大部分的土壤颗粒还是地表经大气风化后，由风雨搬运、堆积而来的。呼啸的风从山坡上方刮过，带着大量的尘土、沙子、云母片和一些粗石粒而下，铺陈出一块块错落起伏的田地，哺育了矮矮的美国白皮松和许多珍稀的高山灌木与花草。这些风吹来的高山林带十分美丽，它们依偎在粗犷的岩石旁，展示着波浪形的花边，表面的褶皱精致而华丽，像一个个被精心呵护的花园。冰期过后，莫诺盆地的火山多次喷发，大风把火山灰吹到了周围山间的土壤层上。以莫诺火山为中心，方圆几百英里的土地都覆盖了火山灰，遍布圣华金河、默塞德河和土伦河的上游地区，离中心越近的地方堆积得越厚。

数量众多的穹顶和山包分布在该地区中部的山脊

和分水岭一带，构成它们的岩石中富含石榴子石、电气石、石英、云母和长石的晶体。岩石分解的时候，这些晶体颗粒纷纷落下，逐渐堆积，最终形成晶状土壤带。有时候，各种各样的晶体只是零星出现在石砾之中，像草地上散落的雏菊；也有时候，整个堆垛有一半或以上都是晶体，不同的截面从各个角度反射着阳光，璀璨夺目。无论是在清晨朝阳的潮红下，还是傍晚落日的余晖中，抑或是正午炫目的艳阳下，它们都是山间所有土壤带中最美的风景。

在平原和洼地，可以看到溪流纵横的土壤带，它们很可能是冰川遗留下来的，至于冰期后从岩石上冲蚀下来的土壤量，则很难估算。这些水边的土壤带在规模和结构上差异很大。有的非常袖珍，只长着一两簇草丛，大小不过花园里的一个苗圃，有的则绵延好几英里，生长着200英尺高的茂密松林。从构成上来看，有的以泥沙为主，有的以石砾为主，原因可能是水流的强弱，也可能只是某种类型的素材恰好就在那儿。

冰川统筹着地表各处的土壤，精打细算地均匀分配，而流水则只考虑特殊的地方，它俩的做法刚好相反。冰川努力赐予高处和低处几乎同样多的土壤；而流水的恩赐总是顾此失彼，让山坡愈加贫瘠，让谷底更加富饶。冰川让构成土壤层的各种元素混合在一起，无论是细微的泥沙还是直径 100 英尺的巨石；而流水则像筛子一样，把大小相异的物质区分开来，搬运到不同的地方，不管是渗透地表的涓涓细流，还是汹涌澎湃的湍流巨浪。

　　冰川形成的土壤是滋润山脉的最佳营养，而冰期过后山间溪流的首要任务，就是把这些泥土运往平静的湖里，让它们在那里沉积为黏土层。在一次次的山崩中，那些树干、荆棘、落叶和刮削下来的碎石混杂在一起，从山的一侧滑落，堆到黏土层上。于是各种土层依次堆积，沙子和砾石也在其中。经过几个世纪的反复沉积，最终湖盆被填满，湖水干涸，露出土层。这些新生的土壤最初只受到莎草和柳树的青睐，一段时间后，各种花草和松树也都在此扎根。这就是所谓的草甸土，它们通过这种局部变化的方式诞生，广泛分布于山间各个角落。

冰期刚结束的山脉地区，真正的沼泽只出现在高海拔地区的浅盆地中。那些地方雨水充沛、凉爽宜人，即使遇上连续降雨和大量融雪，周边的地形环境也能保证沼泽不会遭受泥石流的摧残，特别适宜泥炭藓和其他一些冷水植物的生长。年复一年，这些泥炭藓代代死去，又世世新生，化作肥沃的海绵状泥炭土，成为高山植物们梦寐以求的家园。

和高地沼泽差不多气候的地方，还有些位于斜坡上的沼泽土层，像丝带一样缠绕在山腰。它们的成因是，山间的小河和溪流途经之地有些树木倾倒，交错的枝干阻断了涓涓细流，形成网状的渗流和浅浅的水塘，泥炭藓迅速占据了这些区域，把每一滴水都吸入自己的体内，在这些枝干上隆起一个个鼓包。

大家会有这样一个疑问，是否沼泽地区卧倒的树木要比周围森林中多？如果回答是肯定的，那是为何？通过观察发现，沼泽地区卧倒的树木确实要多很多，其原因就藏在年轻沼泽的形成过程中。当最初的一部分树木偶然倒下后，就像在溪流上筑起了坝，淹没了周围树木的根部，导致它们的死亡和卧倒，新一批倒下的树木又重复这个过程。少数的偶然事件触发了连锁反应，最终形成一片枝干交错的网络，经过的流水在这里几乎平分于各处，在斜坡上形成了一整片均匀的沼泽，而不是溪流被节节阻断，呈现梯田状样貌。

当湖盆几乎被填满，大量的腐质沉积，平坦的黑色草甸土就形成了。这些黑色腐质的前生是浅水中经年累月生长的莎草等植物。黑色草甸土的形成条件略为苛刻，一方面经过的水流不能太急，不能带走沙粒石子；另一方面即使不长年积水，也要经常有水漫溢而过，且在枯水期要足够湿润，至少能保证莎草存活。然而，不管环境多么优越，这些腐质终究难以久存，它们的边缘不断被侵蚀，最终难逃被葬送的命运。随着雨水的汇聚，沿路带走的东西越来越多，这些腐质层也在加速退化。在冰期结束后的千万年间，大多数山体已变为光秃秃的裸露状态，溪流从上而过，仿佛流经光滑的玻璃表面，什么也带不走，最后两手空空地来到下游的草甸。只有当冰川琢磨过的坚硬表面最终抵挡不住风化作用，变得分崩离析，流水才能一路满载而归。

沼泽们曾经在山岭徘徊成一线，同雪线一样记录下冰期过后的气候变迁，但在大自然残酷而美丽的规则下，它们也难逃消亡的命运。

流水不仅在沼泽、草甸和平坦的沙地建构土壤层，也会利用鹅卵石和大石块来进行这项工作。利用前者的是长年平静的溪流，利用后者的则是山间几百年一遇的特大洪水，往往由冬雪融水、连续暴雨等多种原因共致。同一条河流在平常期和洪水期的搬运能力有着天壤之别，它既能堆积平坦的淤泥层，也能冲积崎岖的石砾三角洲。人们习惯高估山间河流的搬运能力，其实在平常期，它们连孩童玩耍的卵石都冲不走，但在洪水期，它们又可以毫不费力地带走重达几吨的巨石。顺着狭窄山谷中的河流到谷口处，常见巨石层叠的河床，这就是洪水期湍流的杰作。在那场缔造了许多土壤层的旷世大地震前，曾发生过一次惊天的大洪水，成千上万个巨石层叠的河床在这次浩劫中未能幸免，大量的巨石被冲走，散落在北纬 39°到36°30′之间的深谷和盆地中，它们究竟随洪水走了多远我也无法确言。此后，这些巨石变化甚微，如今早已被橡树和松树林覆盖。它们特征显著，极易辨识，印刻着大浩劫中爆发出的伟力，能与之相媲美的唯有大地震中的崩塌之力。

尽管在土壤的诞生过程中有多方参与，但毋庸置疑，最初冰川是其唯一的缔造者。倘若整个大冰盖瞬间融化，山的两翼将寸土无存，闻名遐迩的森林也无处安身。当然，在湖盆和雪崩堆积的地方仍能找到灌木丛和小树林，在岩壁风化的角落和裂缝中仍有花朵努力绽放，可是从整体来看，山脊两侧将几近荒芜。由软叶五针松（Pinus flexilis）和刺果松（P. aristata，又称狐尾松）构成的高山森林宛如凌乱的刘海，它们常常能爬到冰碛线以上，扎根贫瘠的碎石中，和暴风雪不断抗争。不过它们也并非不知好歹，有机会也更愿意生长在肥沃的冰碛土上。美国黄松也是耐寒的攀岩者，经得住风雪的考验，但唯有在富含养分的冰碛土上才能茁壮成林。作为山间森林带主力成员的糖松和两种冷杉无法在任何裸露的山石上维生，无论海拔高低，它们只能在条件优越的冰碛土壤层郁郁而生。大量的森林精确地标注了山间的冰碛层，它们和气候带的关系却显得暧昧，毕竟无论温度和湿度多么适宜，森林都离不开土壤，而在坚硬的山石上，土壤的安身之处唯有冰碛层。因此，我们常常可以看到一片茂盛的森林，满是两百英尺高的参天大树，却突然终止于一条冰川抛光的通道。

从山脊两侧延伸到底部的广阔平原，经过各种冰碛混合物的改造，成为沃土。人们也会欣然接受这些来自冰的赐予，在大片富饶的土地上耕种麦田、栽上苹果树。相比萨克拉门托（Sacramento）和圣华金山谷，欧文斯河（Owens）、沃克河（Walker）和卡森河（Carson）流经河谷的土壤要更年轻，它们形成的年代较晚，受冰期过后流水冲刷等的破坏较少。俯瞰整个地区山间的土层，就好像半晴天空中的云彩，从山脊往下的中间区域是连绵的土壤带，有些长长的分叉延伸到高处，而中间往下则被冲刷成支离破碎的网状，另外还有些小块的草甸和花园零星点缀在各处。

　　每当冬雪初融，我漫步在干涸的小河道上，踏过河床的卵石和石块堆成的河坝，路过浅浅的洼地、错落的坑洞和有瀑流的斜坡，各种熟悉的场景和声音浮现在脑海，恍若溪水正在流淌着。同样地，当我看到山间各种各样的土壤层时，大自然利用各种手段创造它们的场景仿佛也就在眼前。美丽的草甸背后藏着静谧安详的湖泊、乱石林立的三角洲、嶙峋突兀的巨石堆、浑浊的泥石流、惊天动地的山崩和雪崩；而蔓延的冰碛则彰显着雄伟的冰川在千山万壑间悄然布土的壮举。也许我们无法洞悉这场运动中的每个细节，但土壤的每个分子都忠实于自然的规律，大到巨石，微如尘埃，它们如日月星辰相互绕转一样和谐起舞。

第七章

山体塑形

在北纬 36° 30′ 到 39° 之间有一片广袤的山区，全长约 200 英里，宽约 60 英里，山脉轴线上的海拔从 8000 英尺到 15000 英尺不等。这里一座座高山星罗棋布，蔚为壮观，本章主要讨论的就是该地区丰富多彩的山体形状。无论是中轴线上摩肩接踵的高耸尖峰，还是散落在两翼的那些瑰丽、独特的穹顶和山包，抑或是山谷峡涧两侧隆起的尖顶和斜坡，在经历了一整个冰期后，呈现出一派和谐无比的景象，这都要归功于大冰盖的碾磨和冰川的作用。在前面的章节中，我们深入探究了山谷的形成问题，涉及岩石的物理结构如何影响山形，以及冰川的侵蚀和冰期过后的侵蚀在方式和侵蚀量上的差异，对接下来要谈论的内容有了大体的理解和认识。

巍峨的山巅气势恢宏，其间看似没有艰难险阻，却几乎都是未被踏足的处女地。曾有人造访过的山顶屈指可数，如达纳山、莱尔山、丁达尔山（Mount Tyndall）和惠特尼山（Mount Whitney），有些是因为道路非常好走，有些则是偶然被人路过。而作为圣华金河和国王河众多支流起源地的大片荒山野岭，人们只是远观其大概，粗略地绘制了地图，至今尚没人尝试攀登和描绘细节。这些地方时常有雪崩横扫和冰川决口，到处都是塌方的悬崖和纵横的裂谷，道路如迷宫般扑朔，只有对此特别好奇的探索者才愿意铤而走险。正因如此，这些年来猎人的枪响从未回荡在山间，无论是印第安人还是白人，最多只踏足山脚的湖泊和草甸。

站在雄伟的汉弗莱斯山（Mount Humphreys）顶翘首南望，眼前是一片壮丽无比的景色。无数灰色的山尖高高耸入湛蓝的天空，光影琉璃；成百上千的湖泊散落在山脚，倒映日光；湍急的水流把一条条沟谷洗得白亮；而在那些难以觉察的阴影处，藏着大量残存的冰川和冰泉。这幅群山荟萃的画卷包罗万象，看似复杂难懂，其实任何一个有耐心的求学者都能从中轻松解读它们的来龙去脉，乃至明了每一座山的历史。

先来看看山上最高处的尖峰，它们是山顶最小的部分。恐怕没有人会认为这些尖峰是直接由隆起造成的，也不会有人认为尖峰之间的沟缝是塌陷或岩石开裂造成的，因为这些沟缝往往不超过 1 英尺深，且上下宽度一致，看着就像是其中松动的部分被挪走了一样。

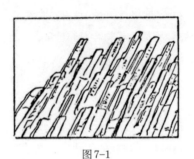

图 7-1

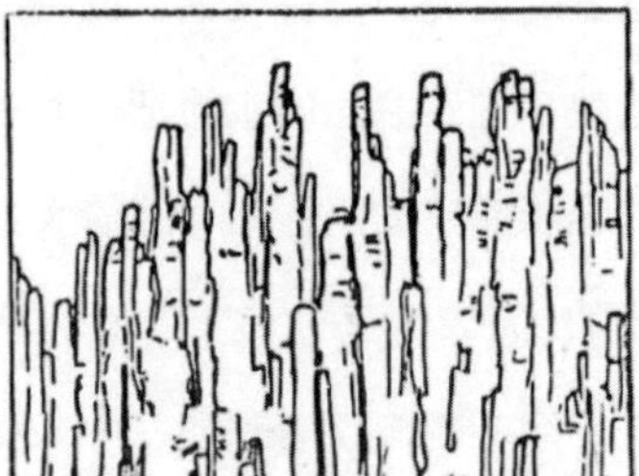

图 7-2

群山间四处耸立的山尖高低不一，有的 1 英尺都不到，有的却近千英尺。从我观察得出的结论来看，这些大小各异、形式多样的山尖，不会是灾变性的开裂所致，而是其内部固有的节理和劈理不断发育造成的。有些地方的开裂面是倾斜的，形成的山尖也是如此，像图 7-1 中的那样；有些地方的开裂面是垂直的，形成的山尖就笔直挺立，如图 7-2 所示。里特山（Mount Ritter）两侧参差不齐地排列着大量倾斜的尖顶，景色瑰奇；而在国王河和科恩河的上游地带，那些大教堂式的雄伟山峰，则汇聚了各种垂直的尖顶。里特山以南地区，有一系列独立的山尖，它们高约 700 英尺，坐落在山脉中轴线上。这些山尖东侧的底部，仍有冰川在活动，琢磨着岩石，直截了当地展示了瑰丽的山尖们是如何从完整的岩石变化而来的。在一些大山峰的侧面，会形成粗糙的表面，诞生许多小尖峰，它们的形成同样不是由于隆起和塌陷，而是原本填充在小尖峰间的物质被有序地侵蚀和搬走了，这才有了如今这般景象。

图 7-3

关于山尖和小尖峰的成因的阐释同样适用于那些
雄伟的山峰，相邻的山尖由侵蚀而成的裂缝隔开，比
肩的小尖峰由小裂谷分开，而山峰之间则是巨型的裂
缝、深远的裂谷和峡谷、宽广的山谷，以及如圆形剧
场般的冰川诞生之泉。当我们从山与山之间走过，遥
看两侧山峰，会发现许多相似的结构和纹理，彰显着
它们曾经为一体，是因中间部分被移走才成了现在的
样子。山间一些巨大的纹路更是清楚地证明了这点，
图 7-3 所示是莱尔群山中的两个山峰，字母 N 标出的

纹路越过山谷横跨了两峰。我们时常会看到一排山尖坐落在一块基岩上，而基岩本身的劈理结构似乎根本无法形成山尖，同样的情况在巨大的山峰间也有，比如达纳山和吉布斯山，它们立于一面花岗岩的岩床上，仿佛巨大的盆景在别处完成加工后，搬到了此地。总而言之，整个地区的风貌，不论是巍峨的雄峰，还是林立的小尖峰，乃至那些密密麻麻的山尖，不过是一波浪潮后的残留之物。想要恢复原状，只需将迷宫般错综的山谷、峡谷、裂缝都重新填上，把那些被移走的石头再挪回来即可。可问题在于，这些石头去哪了，如今能寻觅到的不足百万分之一。所有峡谷和盆地的底面都坚硬无比，岩石不可能从那里陷落，那么答案就只能是它们被搬走了。事实上，我们很容易从岩石的矿物特性判断，被挪走的岩石中有一小部分或近或远地留在了冰碛里，据此可以进一步推断，冰川就是搬运它们的主谋。冰川是杰出的雕塑大师，它们仅仅是随意地流淌就在一块坚硬之地上造就了高耸的山峰、绮丽的山谷和各类盆地,这一点对我们来说至关重要。

　　在之前的第三章和第四章中,我详细论述了该地区山谷的地貌特征。无论是岩石光滑面上不足百分之一英寸的划痕,还是超过半英里深的优胜美地式峡谷沟壑,全部都是冰川侵蚀的杰作。而冰期过后的水蚀作用,从静静流淌的小溪到汹涌激荡的湍流,且不说其侵蚀能力的强弱,只因持续时间太短,尚没有在该地区留下太多像样的痕迹。当然,人们可以假想在冰期之前,河流已经在这片大地上流淌了无数岁月,留下了千沟万壑,而后冰天雪地的漫漫长冬来临,条条冰川侵入这些原本的河道,并逐渐漫过河岸,继续刨削和打磨这些地方,让它们变得更深更宽,而本质上却并没有改变这个区域原有的地貌结构。不过,因为冰川的走势和流水的走势很不相同,实地考察就会发现,如今的地貌是严格符合冰川走势的。因此,这样的假设不攻自破,一手打造这个地区形态样貌的不可能是冰期前的河流。

另外，我们也很难相信这些峡谷是地裂导致的。它们完全吻合冰川的走势，想要恰好开裂成这般蜿蜒曲折的样子，可能性微乎其微。同样，诉诸地表褶皱或断层错位等理论，也因这虚无缥缈的偶然性而成了无稽之谈。最后一点，如果这些山谷是冰期前某种作用形成的，那么我们在没有冰川作用过的山体上，也应该看到类似峡谷诞生的痕迹，而事实上哪都没有找到。这些峡谷一路延伸，所到之处恰好就是冰川在山体上经过的地方，一分不多，一厘不少。

　　既然在山与山、峰与峰之间的物质都是冰川侵蚀搬走的，那么到底是谁把峰顶削尖的？这部分并没有冰川侵蚀的痕迹，而且目前来看它们都在冰川所达领域之外，甚至从未被冰川触及过。但论其究竟，它们也不过是冰川作用的间接产物。由于冰川不断侵蚀其下部，令上方立足不稳，许多大块的岩石在重力作用下滚落，同时也让冬天的雪崩更容易刨削侧面，于是有了山尖峰顶。所有的峰顶都还处在一种未完成的状态，看起来摇摇欲坠，尽管如此，它们在冰期过后也几乎没有遭到什么破坏。一旦这些峰顶被大量侵蚀剥落，那么它们之间的洼地和沟壑将填满各种碎石，而事实恰与之相反，我们能找到的冰期过后落下的碎屑相当少。考虑到溪流经过的小湖还远远没有被填满，溪流带走大量碎石的可能性也被排除在外。

为了进一步阐明冰川塑造山体的方式，在此要引入一些特别的案例。当然，限于我们的主题和篇幅，不可能深入太多的细节。

在优胜美地山谷以东，直线距离约16英里的地方，坐落着莱尔群山。山中的冰雪孕育了大量支流，它们流向默塞德河、拉什河、土伦河和圣华金河。这里是中心要地，一些规模最大、影响也最深远的古代冰川都从此出发。若有人登上群山中的最高峰——莱尔峰就会发现，尽管身处海拔13200英尺之高，脚下的立足之地不过一块不到1000英尺高的岩石残片。莱尔峰之所以为群峰之巅，全靠地理位置的优越性。作为大量古代冰川的起点，它不像周边的山那样会很快遭到冰川的侵蚀。

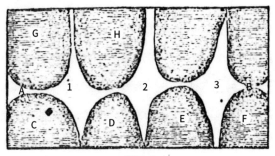

图 7-4

冰川诞生地上方的边缘几乎都是圆弧状的，它们的底部也是圆的，这种形状可以最大限度抵御冰川的侵蚀。冰川诞生之后就不断侵蚀山体，这些诞生地在一番殊死抵抗后成为一个个圆底的盆地，上方是弧形的边缘。众多盆地在一条轴线附近一字排开，自然就隔出了一座座的山峰，其侵蚀的角度和程度则决定了山峰的形态。如图 7-4 中所示，AB 一线是一系列连绵的山峰，C、D、E、F、G、H 等处是一个个冰川的诞生地，它们中有的尚在活动，有的已经死去，而被它们分隔开来的1、2、3处就是所谓的山峰。

汇聚在这些冰川诞生地的冰雪，以冰的姿态迅速掠过这里，在运动之初就造成如此规模的侵蚀，人们也许会对此感到不解。通过考察那些如今已空无一物的盆地发现，这种发生在上方边缘和底部的侵蚀作用是毋庸置疑的。当气候变暖，漫长的严冬渐渐被打破，积雪会快速转变为侵蚀能力极强的冰，创造出如今我们看到的样子。

阴影在地质学上的作用也不可小觑，它们可以延长冰川的存留时间，引导冰川走向，加深冰川作用，这些在冰碛和湖盆上都有体现，从山脉和山谷南北两侧的构造差异上看更是一目了然。细心的观察者一定会发现，像优胜美地山谷这样的东西向深谷（译者按：原文是"南北向深谷"，考虑到第六章中的说法和优胜美地的实际情况，此处恐为作者笔误。），时常被阳光照射的北侧往往更加平整光滑，而背阴的南侧则多有塔状突起、尖顶和浅浅的沟槽。当铺满整个山谷的大冰川消退之后，藏在背阴处的小冰川仍能存留很久，它们在南侧岩墙完成了各种各样精致的小造型。

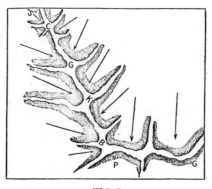

图7-5

每一个来到这里的登山者或是当地的印第安人都很清楚，攀登这些高山从南侧上要比北侧容易得多。比如，像霍夫曼山这样的高峰，可以骑着马从南侧的任何一条路线到达峰顶，而北侧则是令人望而生畏的悬崖峭壁。残存在阴影处的冰川默默塑造着各种地形，这里的每一座山都可以为此作证，甚至在许多山顶附

257

近仍能观察到这一现象。在此要特别强调一下山峰与山峰之间的阴影，它们的影响尤为值得关注。图7-5所示是和优胜美地山谷毗邻的默塞德山脉，它的一部分和整个地区的山脉主轴线相连。箭头所指的是那些冰川诞生地拓展延伸的方向，很显然这些像圆形剧场一样的地方无一例外都偏向南方延伸，那里是被山峰或山脊遮挡的阴影处。默塞德山支脉（SP段）的走向大致朝北，其西侧上午背阴而东侧下午背阴，因此两侧都有一系列冰川诞生地在徘徊；而其主山脊（PG段）则基本是朝东走向，南侧几乎没有背阴处，所以只在北侧拥有拓展得很深的冰川诞生地。更进一步来说，支脉（SP段）的走向不是正北，略微偏西，东侧背阴的时间要比西侧更久些，因此东侧的冰川诞生地要比西侧的更深一些，靠上方的岩墙也更光滑些。总而言之，因为支脉的走向整体偏西北，所以山峰的东侧要比西侧更加陡峭。

位于山脉北侧的冰川诞生地，东西两边背阴的时间一样多，在其他条件都类似的情况下，会发现它们边缘的曲线在朝南时略微向西偏斜，这是因为上午的光照不如下午的强烈。这个地区所有山峰的形态居然都在阴影的掌控之下，令人称奇。* [* 进一步了解上述与阴影相关的观察记录，我建议读者参考加德纳和霍夫曼（Hoffmann）绘制的优胜美地山谷周边地图，当然如果能直接进山考察就更好了] 迄今为止，冰川是所有的山脉侵蚀者中唯一一个被阴影所左右的。

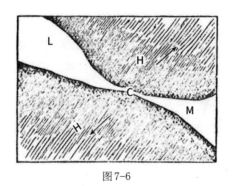

图 7-6

图 7-6 是两个冰川诞生地（H、H）的平面图，在此起源的冰川分别成为土伦冰川和默塞德冰川的支

流。从图中可以看到，它们的上缘随冰川侵蚀作用不断后退，在 C 点处几乎交汇，分隔出两座山（L 和 M）来，一个是莱尔山，另一个是麦克卢尔（McClure）山，如今两山之间只剩一条窄窄的山脊相连。

在莱尔山以南不远处的是里特山，有经验的登山者很容易通过莫诺平原到达那里。对于想要了解山体如何塑形的人来说，那里就像是一本摊开的教科书，用一幅幅清晰的插图诠释着各种山体塑形的规律。在它的北侧仍有一条活跃着的小冰川，正努力从山体上分隔、勾画出一个小山峰，冰川的表面完整地记录着遭受霜冻、风暴和雪崩的痕迹。里特山虽然并不十分雄伟，但在我看来，它是这条山系上最夺目的明珠，附近相邻的山峰都退在其后方，像众星捧月般将它烘托得格外耀眼。活跃的冰川，湍急的溪流，明眸般的湖泊，铺满龙胆草的草甸，星星点点的百合花和银莲花，蓬松的灌木丛和小树林，还有阳光下绽放的菊科植物，所有这一切将里特山装点得独具魅力，就像一位美丽的贵族。

默塞德山位于优胜美地山谷东南方向 10 英里的地方，它距离山脉主轴线也差不多那么远。从图 7-5 中我们可以看到，它的整个山体到处被分割，形成了一连串独立的山峰，海拔在 11500 英尺到 12000 英尺之间。塑造默塞德山这件杰出作品的是两个系列的冰川，它们分别属于内华达冰川和伊利路特冰川的支流。

从汉弗莱斯山脚向南延伸 40 多英里，是一条宽阔的山带，这群雄伟无比的花岗岩山峰虽然还没有人一一命名，但恐怕是这一带最庄严的山脊了。漫步在这些海拔 14000 英尺上下的群峰之原，马上就会发现，它们不过是一个个 1000 英尺到 2000 英尺高的金字塔尖峰簇拥在一起，这些尖峰的下方通过不规则的柱形结构连接在同一块基岩上。任谁都能一眼看出，这群形态各异的山峰在冰期前不过是一块完整的山体，在冰的开凿雕琢之后才有了如今的姿态。

这群山峰往南几英里就是惠特尼山，它无疑是这周围最高的山峰，但无论从地质学角度来说，还是拿欣赏风景的眼光来看，它都显得无足轻重。不管从南眺望还是从北眺望，惠特尼山都好像一个头盔，说得更确切、更形象些，是像"苏格兰船形便帽（Glengarry）"。平坦的山顶向西划过一条缓缓的弧线，延伸到科恩河谷，向东则直直跌入欧文斯河谷，形成一面近2000英尺的绝壁。山的北侧和西南侧同样陡峭，在延伸的过程中逐渐趋于平缓，分别同西北与西南方向的斜坡相连。这座海拔最高的山峰在周围感人至深的宏伟景观中显得黯然失色，远远比不上里特山、达纳山、汉弗莱斯山、爱默生山（Mount Emerson）的雄姿，甚至连那些没名没姓的山都不如。它的山脚有一些零散的小湖，四周光秃秃的没有草甸覆盖，山上也没有冰川活动，夏末时山南积雪完全融化，山北略有残留。从孤松镇附近的欧文斯河谷远望惠特尼山，它不过是芸芸众峰中的一员，装点着整个山脉巨大隆起的一角。冰期临近尾声时，如今惠特尼山所在的位置是一块凸出在冰面上的灰斑，周围的冰雪化作条条冰川流向欧文斯河谷和科恩河谷，它们吞尽了惠特尼山的精华，弃之而去。这座最高的山峰并非一场剧变中崛起的奇迹，它不过是这片山脉经历冰雪琢磨后留下的普通遗迹，因结构和位置的缘故，比周围磨损、退化得少一点罢了。（译者按：缪尔花了这么多笔墨写了一座在他看来根本没有特点、毫不重要的山峰，其中也没有对冰川作用的详细阐述，臆测是因为这座山以惠特尼命名。可能是出于和惠特尼的私怨，缪尔对这座山冷嘲热讽，指桑骂槐。）

　　在研究山体塑形的时候，我们关注的是没被带走的部分，而非失去的部分；考虑的是侵蚀作用的消极之处、无力而为之地，而不是其积极之举、已然达成之任。山峰和山谷之间的本质区别也不在于前者是堆积隆起，后者是消磨洼陷，两者都是被侵蚀而成，只是程度不同而已。所谓山峰不过是侵蚀得较慢、较少的地方，当然从结果来看它们成了高地。

从大范围来看,只有最坚固的部分才能留到最后。那些脆弱的石塔、单薄的立岩、摇摇欲坠的尖角、参差不齐的突起也曾一度遍布山体两侧,但最终都消失殆尽 * [* 也有些例外,或者看起来像例外的,详见第一章。],只留下从山顶向两侧延伸的平滑曲线,清晰刻画出波浪状的山脊或是接连不断的穹顶。

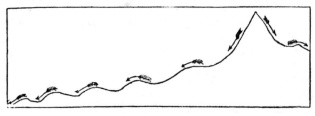

图 7-7

图 7-7 是山顶附近的轮廓图,说明了波浪状山脊曲线的大致由来,冰流自上而下,先是冲击波谷,然后又漫溢过波峰。循着远古冰流走过的坦荡大道而下,观察那些被剥蚀的岩石,首当其冲的是板岩,接着是板状结构的花岗岩,最后是弧面的花岗岩。于是,我

们发现这种作业方式非常专业，并逐渐形成了统一的模式。棱角分明的山体被沿着各种劈理面不断切割，取而代之的是流畅的曲面，这些曲面进一步发育，渐渐变为壮观的穹顶，化作这一带最独特的风景线。在一些更坚固的花岗岩地区，类似波峰处的地貌非常多，最根本的原因也许既非冰雪也非流水，不是任何侵蚀作用，而是早在这些山体形成之初，造山之力就凝成了特有的内在结构，最终呈现出这种独特样貌。

无声无息的造山之力也曾赋予波谷的地方同样的结构，然而，这些部分太过脆弱，根本无法抵抗冰川的摧枯拉朽之力，冰川并没有遵从其内在的结构，而是重新塑造了它们的样貌。假设在冰川侵蚀之后，每个地方残留的山石量都差不多，那么肯定还会诞生更多的山包。不同于如今看到的景象，山脉的侧翼将挤满一个个山头，宛如一张山网（mountainets）。可惜这样神奇的景观并没有出现，许多地方整个被冰川刨去，留下一片贫瘠。

由于每一个山头的内在结构大同小异，露出的岩石又足够坚固，所以看起来形式上相对统一，而非千奇百怪。这些山头的形成一方面多亏了冰川孜孜不倦地开垦，一方面也靠它们自身在经受磨炼时保持住了原本的结构。

　　整个山区本是一块原石，潜藏着众多的山峰，而冰川恰好是最适合的雕刻匠，它进行了如此大规模的塑形和雕琢，仿佛这一切都冥冥之中安排好了。花岗岩在凝结成形时就蕴含了动人的风景，而冰雪则将这份深藏的美丽带到了世上。这些岩石中深藏的纹理比山上任何一棵橡树的木纹都要错综复杂，而冰期的巨大冰盖是唯一可以把它们呈现出来的雕刻者。它缓缓从此滑过，像木匠的刨子一样，将那些高低不平统统刨去，然后又刻画出新的凹凸。它从一个个穹顶之上漫过，在一座座山头中间流淌，将每一个脆弱的地方揉碎，把弱者统统驱逐出境，而让留下的强者更加轮廓分明，最终将一份命中注定的美呈现于世上。

山谷两侧的岩墙经过冰川之手成为一幅幅起伏的浮雕，根据其所在位置和结构强度呈现出各种姿态，这种横向的塑形和竖向的如出一辙。有些地方的岩墙浮雕规模庞大，甚至可以称为横向凸起之山脉。不过，总的来说遵循的规律是一致的，这些多彩的浮雕作品同样反映了各处岩石抵抗冰川消磨能力的差异。不考虑那些支流汇入的地方，在冰川压力基本稳定的区域，峡谷越狭窄之处岩石越坚固，反之，越宽广的地方岩石就越脆弱。

　　有些山谷的岩墙是倾斜的，上面的浮雕也就在斜面凸显，但这些横向或斜向而生的小山脉和小山网，其规模和竖向的不可相提并论。冰川施加的压力越大，侵蚀得就越深，它在侧面和斜面上的压力远远小于垂直向下的压力，因此对岩墙上脆弱部分的侵蚀能力也很有限，这个限度是冰川的侵攻力和岩石的防御力相平衡的结果。在一些巨大的陡峭斜谷中，冰川施加在岩墙上的压力过大，导致上面凸起的岩石发生断裂，许多裂缝出现在凸岩下方靠近谷底溪流处，好似强力爆破造成的。在所有的优胜美地式深谷中都能见到这种断裂景象，这是我所观察到的冰川现象中最华丽的表现形式。

在竖直方向的侵蚀过程中，当冰川淌过整体比较平坦的地面时，也会遇到一些坚硬的岩石高高耸立着，直面横扫而过的汹涌冰流。如果这些岩石中有一些垂直的劈理面，就会沿着冰流的方向开裂，详见第一章中图1-8的样子。在坚硬的花岗岩区，这类例子并不少见，小的只有几英寸高，大的有上千英尺，甚至更高。如果这种耸立的岩石中没有劈理发育，它们就会被打磨成卵形或椭圆形，沿冰流方向的是长轴。总的来说，竖向的侵蚀趋势是让山谷变得更深，令山脊显得更高。一方面，冰流不断涌入山谷，侵蚀逐步加速；另一方面，山脊上覆盖的冰越来越少，最终群峰冲破冰盖，重现天日，不再被冰蚀。用一句话概括这种规律就是："多者愈多，损者愈损。"（译者按：原文引《圣经》中的"to

268

him that hath shall be given"，俗称马太效应。）

　　总而言之，遍布于北纬36°30′到39°的每一座山，无论其在冰期前是怎样的，如今的姿态都是在漫漫长冬中变化而来的。巨大的冰盖逐渐分裂为条条冰川，经由它俩之手塑造的山峰个个高耸入云、气势雄伟，刻画的山脉两翼层峦林立、穹顶遍布，雕琢的山谷岩壁凹凸有致、起伏如丘。在这项旷世的工程中，没有任何的堆叠，全凭雕凿琢磨，座座高山、条条深谷记录下了这般丰功伟绩。

译后记

随着时代的变迁，翻译工作显得越来越无足轻重，教育的完善让更多人没有了语言障碍，而各类翻译软件也日臻完美。前阵子跟一个朋友聊起，说我正在翻译一本小书，他第一时间反问我，现在还有必要翻译书么？我竟一时语塞。

依然选择翻译《冰川如斧：神奇的山脉整容术》这本小书，其实是自以为还值得推荐一下，用翻译这种愚行来强调，希望更多人能知道它。如果当年缪尔多花点功夫做营销，把这本书好好宣传一下，也许他在19世纪美国地质学史上就是一个重量级的人物了。

缪尔是一个名人，有各式各样的头衔，他的很多作品也为世人津津乐道。在我看来，他首先是一个博物学家，尽管本人从未以之自居。出于对自然的热爱，缪尔长年从事着博物学的工作，而对自然的探究和发现，又让他更加迷恋山川。他把自己的一生放逐蛮荒之野，勤奋地阅读和摘抄自然之书，这些对形成他的环境思想，促进他投身环境运动有着至关重要的作用。

缪尔的博物学研究与众不同，尤为强调亲身体验和进行整体观察。他的写作常常充满激情，天马行空，但缺少系统的论述和严谨的分析。缪尔笔下的一些文学作品能成为畅销书，而所做的重要工作却很难有恰当的呈现。

《冰川如斧：神奇的山脉整容术》这本书可以说是个例外，书中通过翔实的例子、系统的分析、严谨的推理得出了一些在当时很了不起的结论，基本上回答了内华达地区各种山间风貌的成因。在阅读的过程中，可以瞥见作者的敏锐和才华，也能感受到他观察积累之丰富。即便如此，这本书对很多问题的讨论也是浅尝辄止，与其待在屋里构思写作，缪尔更爱在山间行走，一如他当年毅然离开大学校园，走入大自然这所更具魅力的学校。

图书在版编目（CIP）数据

冰川如斧：神奇的山脉整容术 /（美）约翰·缪尔著；周奇伟译 . —北京：北京大学出版社，2021.11

（沙发图书馆·博物志）

ISBN 978-7-301-32556-8

Ⅰ . ①冰… Ⅱ . ①约… ②周… Ⅲ . ①冰川 - 科学考察 - 美国 Ⅳ . ① P343.771.2

中国版本图书馆 CIP 数据核字（2021）第 195332 号

书　　　名	冰川如斧：神奇的山脉整容术	
	BINGCHUAN RU FU:SHENQI DE SHANMAI ZHENGRONG SHU	
著作责任者	[美] 约翰·缪尔 (John Muir) 著　周奇伟 译	
责 任 编 辑	路倩	
标 准 书 号	ISBN 978-7-301-32556-8	
出 版 发 行	北京大学出版社	
地　　　址	北京市海淀区成府路 205 号　100871	
网　　　址	http://www.pup.cn　新浪微博 :@ 北京大学出版社	
电 子 邮 箱	pkuwsz@126.com	
电　　　话	邮购部 010-62752015　发行部 010-62750672	
	编辑部 010-62750577	
印 　刷 　者	北京中科印刷有限公司	
经 　销 　者	965 毫米 × 1300 毫米　32 开 8.75 印张　135 千字	
	2021 年 11 月第 1 版　2021 年 11 月第 1 次印刷	
定　　　价	68.00 元